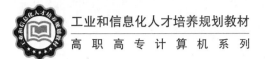

工业和信息化人才培养规划教材

高职高专计算机系列

Flash CS6

实例教程

（第3版）

◎ 白腊梅 何晶 主编

◎ 赖巧贤 张俊荣 张淑清 副主编

U0347628

人民邮电出版社

北京

图书在版编目（CIP）数据

Flash CS6实例教程 / 白腊梅，何晶主编. -- 3版
. -- 北京：人民邮电出版社，2014.9（2018.12重印）
工业和信息化人才培养规划教材. 高职高专计算机系
列
ISBN 978-7-115-35843-1

Ⅰ. ①F… Ⅱ. ①白… ②何… Ⅲ. ①动画制作软件－
高等职业教育－教材 Ⅳ. ①TP391.41

中国版本图书馆CIP数据核字(2014)第112098号

内 容 提 要

本书全面、系统地介绍了 Flash CS6 的基本操作方法和网页动画的制作技巧，包括 Flash CS6 基础知识，图形的绘制与编辑，对象的编辑与操作修饰，文本的编辑，外部素材的应用，元件和库，基本动画的制作，层与高级动画，声音素材的编辑，动作脚本的应用，交互式动画的制作，组件与行为，作品的测试、优化、输出和发布，综合设计实训等内容。

书中内容的讲解均以案例为主线，通过案例制作，学生可以快速熟悉软件功能和艺术设计思路。书中的软件功能解析部分使学生能够深入学习软件功能；课堂练习和课后习题可以拓展学生的实际应用能力，提高学生的软件使用技巧。在本书的最后一章，精心安排了专业设计公司的 5 个综合设计实训案例，力求通过这些案例的制作，提高学生的艺术设计创意能力。

本书适合作为高等职业院校数字媒体艺术类专业课程的教材，也可作为相关人员的自学参考用书。

◆ 主　　编　白腊梅　何　晶

　　副 主 编　赖巧贤　张俊荣　张淑清

　　责任编辑　桑　册

　　责任印制　杨林杰

◆ 人民邮电出版社出版发行　　北京市丰台区成寿寺路 11 号

　　邮编 100164　　电子邮件 315@ptpress.com.cn

　　网址 http://www.ptpress.com.cn

　　北京圣夫亚美印刷有限公司印刷

◆ 开本：787×1092　1/16

　　印张：16.5　　　　　　　　2014 年 9 月第 3 版

　　字数：410 千字　　　　　　2018 年 12 月北京第 11 次印刷

定价：42.00 元（附光盘）

读者服务热线：(010)81055256　印装质量热线：(010)81055316
反盗版热线：(010)81055315
广告经营许可证：京东工商广登字 20170147 号

前 言 PREFACE

Flash 是由 Adobe 公司开发的网页动画制作软件。它功能强大，易学易用，深受网页制作爱好者和动画设计人员的喜爱，已经成为这一领域最流行的软件之一。目前，我国很多高职院校的数字媒体艺术类专业都将"Flash"列为一门重要的专业课程。为了帮助高职院校的教师能够比较全面、系统地讲授这门课程，使学生能够熟练地使用 Flash 来进行动画设计，几位长期在高职院校从事 Flash 教学的教师和专业网页动画设计公司经验丰富的设计师，共同编写了本书。

本书的体系结构经过精心的设计，按照"课堂案例—软件功能解析—课堂练习—课后习题"这一思路进行编排，力求通过课堂案例演练，使学生快速熟悉软件功能和动画设计思路，通过软件功能解析使学生深入学习软件功能和制作特色，并通过课堂练习和课后习题拓展学生的实际应用能力。在内容编写方面，力求细致全面、重点突出；在文字叙述方面，注意言简意赅、通俗易懂；在案例选取方面，强调案例的针对性和实用性。

本书配套光盘中包含了书中所有案例的素材及效果文件。另外，为方便教师教学，本书配备了详尽的课堂练习和课后习题的操作步骤以及 PPT 课件、教学大纲等丰富的教学资源，任课教师可到人民邮电出版社教学服务与资源网（www.ptpedu.com.cn）免费下载使用。本书的参考学时为 59 学时，其中实训环节为 20 学时，各章的参考学时可参见下面的学时分配表。

章　　节	课 程 内 容	学 时 分 配	
		讲　　授	实　　训
第 1 章	Flash CS6 基础知识	2	
第 2 章	图形的绘制与编辑	3	2
第 3 章	对象的编辑与修饰	3	1
第 4 章	文本的编辑	3	1
第 5 章	外部素材的应用	2	1
第 6 章	元件和库	3	1
第 7 章	基本动画的制作	4	2
第 8 章	层与高级动画	4	2
第 9 章	声音素材的编辑	2	1
第 10 章	动作脚本的应用	3	2
第 11 章	交互式动画的制作	3	3
第 12 章	组件与行为	3	2
第 13 章	作品的测试、优化、输出和发布	1	
第 14 章	综合设计实训	3	2
	课 时 总 计	39	20

本书由大兴安岭职业学院白腊梅、重庆青年职业技术学院何晶任主编，广州华商职业学院赖巧贤、北京石景山区业余大学张俊荣、广西警官高等专科学校张淑清任副主编。其中白腊梅编写了第1章~第3章，何晶编写了第4章~第6章，赖巧贤编写了第7章~第9章，张俊荣编写了第10章~第12章，张淑清编写了第13章和第14章。参加本书编写工作的还有周志平、葛润平、张旭、吕娜、孟娜、张敏娜、张丽丽、邓雯、薛正鹏、王攀、陶玉、陈东生、周亚宁、程磊、房婷婷等。

由于编者水平有限，书中难免存在错误和不妥之处，敬请广大读者批评指正。

编　者

2014 年 4 月

目 录 CONTENTS

第 4 章　文本的编辑　71

第 5 章　外部素材的应用　85

第 6 章　元件和库　99

4

Flash 教学辅助资源及配套教辅

素材类型	名称或数量	素材类型	名称或数量
教学大纲	1 套	课堂实例	26 个
电子教案	14 单元	课后实例	26 个
PPT 课件	14 个	课后答案	26 个
第 2 章 图形的绘制与编辑	绘制淘依府标志	第 8 章 层与高级动画	制作飘落的羽毛
	绘制卡通小鸡		制作遮罩招贴动画
	绘制播放器		制作文字遮罩效果
	绘制冬天夜景		制作飞行效果
	绘制花店标志	第 9 章 声音素材的编辑	添加图片按钮音效
第 3 章 对象的编辑与修饰	绘制度假卡		为动画添加声音
	绘制乡村风景		制作英语屋
	制作数字按钮	第 10 章 动作脚本的应用	制作精美闹钟
	绘制彩虹插画		制作系统时间表
	绘制老式相机		制作下雪效果
第 4 章 文本的编辑	制作心情日记	第 11 章 交互式动画的制作	制作摄影俱乐部
	绘制水果标志		制作鼠标跟随效果
	制作圣诞贺卡		制作快乐农场
	制作水果标牌		制作化妆品介绍栏
第 5 章 外部素材的应用	制作冰酷饮料广告	第 12 章 组件与行为	制作脑筋急转弯问答
	制作摄像机广告		制作西餐厅知识问答
	制作装饰画		制作生活小常识问答
	制作汽车广告	第 14 章 综合设计实训	制作端午节贺卡
第 6 章 元件和库	制作美丽风景动画		制作旅行相册
	制作按钮实例		制作健身舞蹈广告
	制作卡通插画		制作房地产网页
	制作动态按钮		制作射击游戏
第 7 章 基本动画的制作	制作打字效果		设计美食知识问答
	制作城市动画		设计动画片片头
	制作逐帧动画		设计家居产品网页
	制作加载条效果		设计教育网页登录界面

PART 1

第 1 章
Flash CS6 基础知识

1

本章介绍

　　本章将详细讲解 Flash CS6 的基础知识和基本操作。读者通过学习要对 Flash CS6 有初步的认识和了解，并能够掌握软件的基本操作方法和技巧，为以后的学习打下一个坚实的基础。

学习目标

- 了解 Flash CS6 的操作界面。
- 掌握文件操作的方法和技巧。
- 了解 Flash CS6 的系统配置。

技能目标

- 正确认识 Flash CS6 工作界面的各组成部分。
- 掌握文件新建、打开、保存的方法和技巧。
- 了解"首选参数"面板中的选项卡的设置方法。
- 掌握浮动面板和历史记录面板的运用方法和技巧。

1.1 Flash CS6 的操作界面

Flash CS6 的操作界面由以下几部分组成：菜单栏、主工具栏、工具箱、时间轴、场景和舞台、属性面板以及浮动面板，如图 1-1 所示。下面将一一介绍。

菜单栏
时间轴
主工具栏
工具箱
场景和舞台
浮动面板
属性面板
文件(F) 编辑(E) 视图(V) 插入(I) 修改(M) 文本(T) 命令(C) 控制(O) 调试(D) 窗口(W) 帮助(H)
主工具栏
场景 1
100%

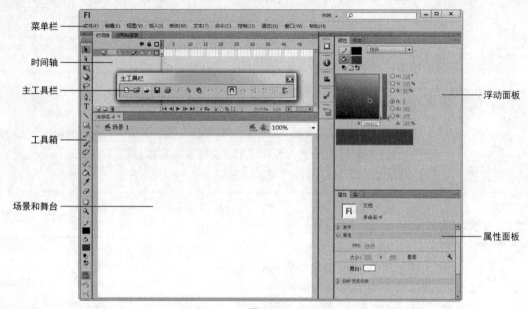

图 1-1

1.1.1 菜单栏

Flash CS6 的菜单栏依次分为“文件”菜单、“编辑”菜单、“视图”菜单、“插入”菜单、“修改”菜单、“文本”菜单、“命令”菜单、“控制”菜单、“调试”菜单、“窗口”菜单及“帮助”菜单，如图 1-2 所示。

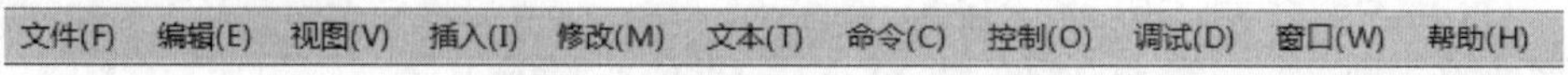

文件(F) 编辑(E) 视图(V) 插入(I) 修改(M) 文本(T) 命令(C) 控制(O) 调试(D) 窗口(W) 帮助(H)

图 1-2

“文件”菜单：主要功能是创建、打开、保存、打印、输出动画，以及导入外部图形、图像、声音、动画文件，以便在当前动画中进行使用。

“编辑”菜单：主要功能是对舞台上的对象以及帧进行选择、复制、粘贴，以及自定义面板、设置参数等。

“视图”菜单：主要功能是进行环境设置。

“插入”菜单：主要功能是向动画中插入对象。

“修改”菜单：主要功能是修改动画中的对象。

“文本”菜单：主要功能是修改文字的外观、对齐以及对文字进行拼写检查等。

“命令”菜单：主要功能是保存、查找、运行命令。

“控制”菜单：主要功能是测试播放动画。

“调试”菜单：主要功能是对动画进行调试。

“窗口”菜单：主要功能是控制各功能面板是否显示，以及面板的布局设置。

"帮助"菜单：主要功能是提供 Flash CS6 在线帮助信息和支持站点的信息，包括教程和 ActionScript 帮助。

1.1.2　主工具栏

为方便使用，Flash CS6 将一些常用命令以按钮的形式组织在一起，置于操作界面的上方。主工具栏依次分为"新建"按钮、"打开"按钮、"转到 Bridge"按钮、"保存"按钮、"打印"按钮、"剪切"按钮、"复制"按钮、"粘贴"按钮、"撤销"按钮、"重做"按钮、"对齐对象"按钮、"平滑"按钮、"伸直"按钮、"旋转与倾斜"按钮、"缩放"按钮以及"对齐"按钮，如图 1-3 所示。

选择"窗口 > 工具栏 > 主工具栏"命令，可以调出主工具栏，还可以通过鼠标拖动改变工具栏的位置。

图 1-3

"新建"按钮▯：新建一个 Flash 文件。

"打开"按钮▣：打开一个已存在的 Flash 文件。

"转到 Bridge"按钮▣：用于打开文件浏览窗口，从中可以对文件进行浏览和选择。

"保存"按钮▣：保存当前正在编辑的文件，不退出编辑状态。

"打印"按钮▣：将当前编辑的内容送至打印机输出。

"剪切"按钮▣：将选中的内容剪切到系统剪贴板中。

"复制"按钮▣：将选中的内容复制到系统剪贴板中。

"粘贴"按钮▣：将剪贴板中的内容粘贴到选定的位置。

"撤销"按钮↶：取消前面的操作。

"重做"按钮↷：还原被取消的操作。

"对齐对象"按钮▣：选择此按钮进入贴紧状态，用于绘图时调整对象、准确定位；设置动画路径时能自动粘连。

"平滑"按钮▸\：使曲线或图形的外观更光滑。

"伸直"按钮◂\：使曲线或图形的外观更平直。

"旋转与倾斜"按钮↻：改变舞台对象的旋转角度和倾斜变形。

"缩放"按钮▣：改变舞台中对象的大小。

"对齐"按钮▣：调整舞台中多个选中对象的对齐方式。

1.1.3　工具箱

工具箱提供了图形绘制和编辑的各种工具，分为"工具"、"查看"、"颜色"、"选项" 4 个功能区，如图 1-4 所示。选择"窗口 > 工具"命令，可以调出工具箱。

1．"工具"区

提供选择、创建、编辑图形的工具。

"选择"工具▣：选择和移动舞台上的对象，改变对象的大小和形状等。

"部分选取"工具▣：用来抓取、选择、移动和改变形状路径。

"任意变形"工具▣：对舞台上选定的对象进行缩放、扭曲、旋转变形。

图 1-4

"渐变变形"工具 ：对舞台上选定对象的填充渐变色、变形。

"3D 旋转"工具 ：可以在 3D 空间中旋转影片剪辑实例。在使用该工具选择影片剪辑后，3D 旋转控件出现在选定对象之上。x 轴为红色、y 轴为绿色、z 轴为蓝色。使用橙色的自由旋转控件可同时绕 x 和 y 轴旋转。

"3D 平移"工具 ：可以在 3D 空间中移动影片剪辑实例。在使用该工具选择影片剪辑后，影片剪辑的 x、y 和 z 三个轴将显示在舞台上对象的顶部。x 轴为红色，y 轴为绿色，而 z 轴为黑色。应用此工具可以将影片剪辑分别沿着 x、y 或 z 轴进行平移。

"套索"工具 ：在舞台上选择不规则的区域或多个对象。

"钢笔"工具 ：绘制直线和光滑的曲线，调整直线长度、角度及曲线曲率等。

"文本"工具 ：创建、编辑字符对象和文本窗体。

"线条"工具 ：绘制直线段。

"矩形"工具 ：绘制矩形矢量色块或图形。

"椭圆"工具 ：绘制椭圆形、圆形矢量色块或图形。

"基本矩形"工具 ：绘制基本矩形，此工具用于绘制图元对象。图元对象是允许用户在属性面板中调整其特征的形状。可以在创建形状之后，精确地控制形状的大小、边角半径以及其他属性，而无须从头开始绘制。

"基本椭圆"工具 ：绘制基本椭圆形，此工具用于绘制图元对象。可以在创建形状之后，精确地控制形状的开始角度、结束角度、内径以及其他属性，而无须从头开始绘制。

"多角星形"工具 ：绘制等比例的多边形（单击矩形工具，将弹出多角星形工具）。

"铅笔"工具 ：绘制任意形状的矢量图形。

"刷子"工具 ：绘制任意形状的色块矢量图形。

"喷涂刷"工具 ：可以一次性地将形状图案"刷"到舞台上。默认情况下，喷涂刷使用当前选定的填充颜色喷射粒子点。也可以使用喷涂刷工具将影片剪辑或图形元件作为图案应用。

"Deco"工具 ：可以对舞台上的对象选定应用效果。在选择 Deco 工具后，可以从属性面板中选择要应用的效果样式。

"骨骼"工具 ：可以向影片剪辑、图形和按钮实例添加 IK 骨骼。

"绑定"工具 ：可以编辑单个骨骼和形状控制点之间的连接。

"颜料桶"工具 ：改变色块的色彩。

"墨水瓶"工具 ：改变矢量线段、曲线、图形边框线的色彩。

"滴管"工具 ：将舞台图形的属性赋予当前绘图工具。

"橡皮擦"工具 ：擦除舞台上的图形。

2．"查看"区

改变舞台画面，以便更好地观察。

"手形"工具 ：移动舞台画面，以便更好地观察。

"缩放"工具 ：改变舞台画面的显示比例。

3．"颜色"区

选择绘制、编辑图形的笔触颜色和填充色。

"笔触颜色"按钮 ：选择图形边框和线条的颜色。

"填充颜色"按钮 ：选择图形要填充区域的颜色。

"黑白"按钮 ：系统默认的颜色。

"交换颜色"按钮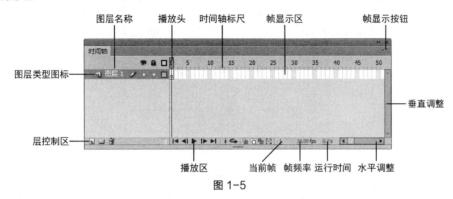：可将笔触颜色和填充色进行交换。

4．"选项"区

不同工具有不同的选项，通过"选项"区为当前选择的工具进行属性选择。

1.1.4 时间轴

时间轴用于组织和控制文件内容在一定时间内的播放。按照功能的不同，时间轴窗口分为左右两部分，分别为层控制区、时间线控制区，如图 1-5 所示。时间轴的主要组件是层、帧和播放头。

图 1-5

1．层控制区

层控制区位于时间轴的左侧。层就像堆叠在一起的多张幻灯胶片一样，每个层都包含一个显示在舞台中的不同图像。在层控制区中，可以显示舞台上正在编辑作品的所有层的名称、类型、状态，并可以通过工具按钮对层进行操作。

"新建图层"按钮：增加新层。

"新建文件夹"按钮：增加新的图层文件夹。

"删除"按钮：删除选定层。

"显示或隐藏所有图层"按钮：控制选定层的显示/隐藏状态。

"锁定或解除锁定所有图层"按钮：控制选定层的锁定/解锁状态。

"将所有图层显示为轮廓"按钮：控制选定层的显示图形外框/显示图形状态。

2．时间线控制区

时间线控制区位于时间轴的右侧，由帧、播放头和多个按钮及信息栏组成。与胶片一样，Flash 文档也将时间长度分为帧，每个层中包含的帧显示在该层名右侧的一行中，时间轴顶部的时间轴标题指示帧编号，播放头指示舞台中当前显示的帧，信息栏显示当前帧编号、动画播放速率以及到当前帧为止的运行时间等信息。时间线控制区按钮的基本功能如下。

"帧居中"按钮：将当前帧显示到控制区窗口中间。

"绘图纸外观"按钮：在时间线上设置一个连续的显示帧区域，区域内的帧所包含的内容同时显示在舞台上。

"绘图纸外观轮廓"按钮：在时间线上设置一个连续的显示帧区域，除当前帧外，区域内的帧所包含的内容仅显示图形外框。

"编辑多个帧"按钮：在时间线上设置一个连续的显示帧区域，区域内的帧所包含的内容可同时显示和编辑。

"修改绘图纸标记"按钮：单击该按钮会显示一个多帧显示选项菜单，定义 2 帧、5 帧或全部帧内容。

1.1.5 场景和舞台

场景是所有动画元素的最大活动空间，如图 1-6 所示。像多幕剧一样，场景可以不止一个。要查看特定场景，可以选择"视图 > 转到"命令，再从其子菜单中选择场景的名称。

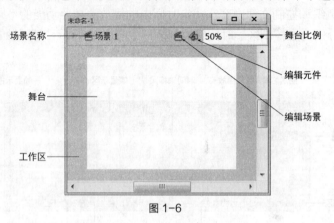

图 1-6

场景也就是常说的舞台，是编辑和播放动画的矩形区域。在舞台上可以放置、编辑矢量插图、文本框、按钮、导入的位图图形、视频剪辑等对象。舞台包括大小、颜色等设置。

在舞台上可以显示网格和标尺，帮助制作者准确定位。显示网格的方法是选择"视图 > 网格 > 显示网格"命令，如图 1-7 所示。显示标尺的方法是选择"视图 > 标尺"命令，如图 1-8 所示。

在制作动画时，还常常需要辅助线来作为舞台上不同对象的对齐标准，需要时可以从标尺上向舞台拖曳鼠标以产生绿色的辅助线，如图 1-9 所示，它在动画播放时并不显示。不需要辅助线时，从舞台上向标尺方向拖动辅助线来进行删除。还可以通过"视图 > 辅助线 > 显示辅助线"命令，显示出辅助线；通过"视图 > 辅助线 > 编辑辅助线"命令，修改辅助线的颜色等属性。

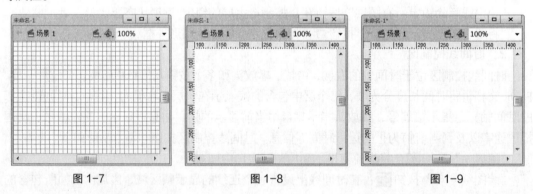

图 1-7   图 1-8   图 1-9

1.1.6 "属性"面板

对于正在使用的工具或资源，使用"属性"面板，可以很容易地查看和更改它们的属性，从而简化文档的创建过程。当选定单个对象，如文本、组件、形状、位图、视频、组、帧等时，"属性"面板可以显示相应的信息和设置，如图 1-10 所示。当选定了两个或多个不同类型的对象时，"属性"面板会显示选定对象的总数，如图 1-11 所示。

1.1.7　浮动面板

使用此面板可以查看、组合和更改资源。但屏幕的大小有限，为了尽量使工作区最大，Flash CS6 提供了许多种自定义工作区的方式，如可以通过"窗口"菜单显示、隐藏面板，还可以通过鼠标拖动来调整面板的大小以及重新组合面板，如图 1-12、图 1-13 所示。

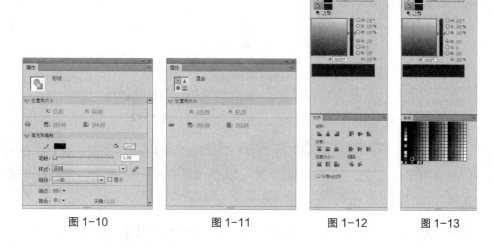

图 1-10　　　　　图 1-11　　　　　图 1-12　　　　　图 1-13

1.2　Flash CS6 的文件操作

1.2.1　新建文件

新建文件是使用 Flash CS6 进行设计的第一步。

选择"文件 > 新建"命令，弹出"新建文档"对话框，如图 1-14 所示。在对话框中，可以创建 Flash 文档，设置 Flash 影片的媒体和结构，创建 Flash 幻灯片演示文稿，演示幻灯片或多媒体等连续性内容，创建基于窗体的 Flash 应用程序，应用于 Internet，也可以创建用于控制影片的外部动作脚本文件等。选择完成后，单击"确定"按钮，即可完成新建文件的任务，如图 1-15 所示。

图 1-14　　　　　　　　　　　图 1-15

1.2.2　保存文件

编辑和制作完动画后，就需要将动画文件进行保存。

通过"文件 > 保存"、"另存为"等命令可以将文件保存在磁盘上，如图 1-16 所示。当设计好作品进行第一次存储时，选择"保存"命令，弹出"另存为"对话框，如图 1-17 所示。在对话框中，输入文件名，选择保存类型，单击"保存"按钮，即可将动画保存。

图 1-16   图 1-17

当对已经保存过的动画文件进行了各种编辑操作后，选择"保存"命令，将不弹出"另存为"对话框，计算机直接保留最终确认的结果，并覆盖原始文件。因此，在未确定要放弃原始文件之前，应慎用此命令。

若既要保留修改过的文件，又不想放弃原文件，可以选择"文件 > 另存为"命令，弹出"另存为"对话框。在对话框中，可以为更改过的文件重新命名、选择路径、设定保存类型，然后进行保存，这样原文件保留不变。

1.2.3　打开文件

如果要修改已完成的动画文件，必须先将其打开。

选择"文件 > 打开"命令，弹出"打开"对话框，在对话框中搜索路径和文件，确认文件类型和名称，如图 1-18 所示。然后单击"打开"按钮，或直接双击文件，即可打开所指定的动画文件，如图 1-19 所示。

图 1-18   图 1-19

在"打开"对话框中，也可以一次同时打开多个文件，只要在文件列表中将所需的几个文件选中，并单击"打开"按钮，系统就逐个打开这些文件，以免多次反复调用"打开"对话框。在"打开"对话框中，按住 Ctrl 键的同时，用鼠标单击可以选择不连续的文件；按住 Shift 键，用鼠标单击可以选择连续的文件。

1.3 Flash CS6 的系统配置

1.3.1 首选参数面板

应用首选参数面板，可以自定义一些常规操作的参数选项。

参数面板依次分为"常规"选项卡、"ActionScript"选项卡、"自动套用格式"选项卡、"剪贴板"选项卡、"绘画"选项卡、"文本"选项卡、"警告"选项卡、"PSD 文件导入器"选项卡、"AI 文件导入器"选项卡以及"发布缓存"选项卡，如图 1-20 所示。选择"编辑 > 首选参数"命令或按 Ctrl+U 键，可以调出"首选参数"对话框。

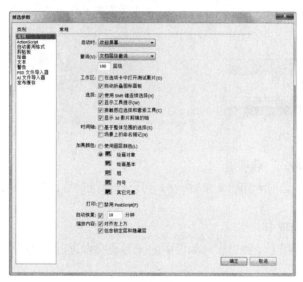

图 1-20

1."常规"选项卡

"常规"选项卡如图 1-20 所示。

"启动时"选项：用于启动 Flash 应用程序时，对首先打开的文档进行选择，其下拉列表如图 1-21 所示。

"撤销"选项：在该选项下方的"层极"文本框中输入数值，可以对影片编辑中的操作步骤的撤销／重做次数进行设置。输入数值的范围为 2~300 的整数。使用撤销级越多，占用的系统内存就越多，从而影响进行速度。

"工作区"选项：若要在选择"控制" >"测试影片"时在应用程序窗口中打开一个新的文档选项卡，请选择"在选项卡中打开测试影片"选项。默认情况是在其自己的窗口中打开测试影片。若要在单击处于图标模式中的面板的外部时使这些面板自动折叠，请选择"自动折叠图标面板"选项。

"选择"选项：用于设置如何在影片编辑中使用 Shift 键处理对多个元件的选择。

"时间轴"选项：用于设置时间轴在被拖出原窗口位置后的停放方式，以及对时间轴中的帧进行选择和命令锚记的设置。

"加亮颜色"选项：用于设置舞台中独立对象被选取时的轮廓颜色。

"打印"选项：只有在 Windows 操作系统中才能使用。选中"禁用 PostScript"复选框，可以在打印时禁用 PostScript 输出。

2．"ActionScript"选项卡

"ActionScript"选项卡如图 1-22 所示，主要用于设置动作面板中动作脚本的外观。

图 1-21

图 1-22

3．"自动套用格式"选项卡

"自动套用格式"选项卡如图 1-23 所示，可以任意选择首选参数中的选项，并在"预览"窗口中查看效果。

4．"剪贴板"选项卡

"剪贴板"选项卡用于设置对影片编辑中的图形或文本进行剪贴操作时的属性选项，如图 1-24 所示。

"位图"选项组：只有 Windows 操作系统中才能使用。当剪贴对象是位图时，可以对位图图像的"颜色深度"和"分辨率"等选项进行选择。在"大小限制"文本框中输入数值，可以指定将位图图像放在剪贴板上时所使用的内存量，通常对较大或高分辨率的位图图像进行剪贴时，需要设置较大的数值。

图 1-23

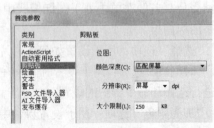

图 1-24

5．"绘画"选项卡

"绘画"选项卡如图 1-25 所示，可以指定钢笔工具指针外观的首选参数，并在画线段时进行预览，或者查看选定锚记点的外观，还可以通过绘画设置来指定对齐、平滑和伸直行为，更改每个选项的"容差"设置，也可以打开或关闭每个选项。一般在默认状态下为正常。

6．"文本"选项卡

"文本"选项卡用于设置 Flash 编辑过程中使用的"字体映射默认设置"、"垂直文本"、"输入方法"等功能的基本属性，如图 1-26 所示。

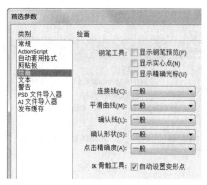

图 1-25

图 1-26

"字体映射默认设置"选项：用于设置在 Flash 中打开文档时替换缺失字体所使用的字体。

"样式"选项：用于设置字体的样式。

"字体映射对话框"复选框：勾选此复选框，将显示缺少的字体。

"垂直文本"选项组：对使用文字工具进行垂直文本编辑时的排列方向、文本流向及字距微调属性进行设置。

"输入方法"选项组：选择输入语言的类型。

"字体菜单"选项组：用于设置字体的显示状态。

7．"警告"选项卡

"警告"选项卡如图 1-27 所示，主要用于设置是否对操作过程中发生的一些异常提出警告。

8．"PSD 文件导入器"选项卡

"PSD 文件导入器"选项卡如图 1-28 所示，主要用于导入 Photoshop 图像时的一些设置。

图 1-27

图 1-28

9."AI 文件导入器"选项卡

"AI 文件导入器"选项卡如图 1-29 所示，主要用于导入 Illustrator 文件时的一些设置。

10."发布缓存"选项卡

"发布缓存"选项卡如图 1-30 所示，主要用于磁盘和内存缓存的大小设置。

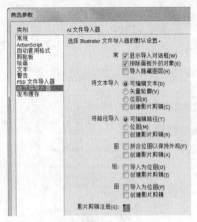

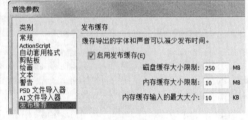

图 1-29   图 1-30

1.3.2 设置浮动面板

Flash 中的浮动面板用于快速地设置文档中对象的属性，可以应用系统默认的面板布局，也可以根据需要随意地显示或隐藏面板，调整面板的大小，还可以将最方便的面板布局形式保存到系统中。

1．系统默认的面板布局

选择"窗口 > 工作区 > 默认"命令，操作界面中将显示系统默认的面板布局。

2．自定义面板布局

将需要设置的面板调出到操作界面中，效果如图 1-31 所示。

将面板移动到操作界面的右侧，效果如图 1-32 所示。

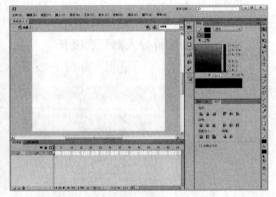

图 1-31   图 1-32

1.3.3 历史记录面板

历史记录面板用于将文档新建或打开以后操作的步骤一一进行记录，便于制作者查看操作的步骤过程。在面板中可以有选择地撤销一个或多个操作步骤，还可将面板中的步骤应用于同一对象或文档中的不同对象。在系统默认的状态下，历史记录面板可以撤销 100 次的操作步骤，还可以根据自身需要在"首选参数"面板（可在操作界面的"编辑"菜单中选择"首选参数"面板）中设置不同的撤销步骤数，数值的范围为 2～3009。

 知识提示 历史记录面板中的步骤顺序是按照操作过程一一对应记录下来的，不能进行重新排列。

选择"窗口 > 其他面板 > 历史记录"命令，弹出"历史记录"面板，如图 1-33 所示。在文档中进行一些操作后，"历史记录"面板将这些操作按顺序进行记录，如图 1-34 所示，其中滑块 所在位置就是当前进行操作的步骤。

将滑块移动到绘制过程中的某一个操作步骤时，该步骤下方的操作步骤将显示为灰色，如图 1-35 所示。这时，再进行新的步骤操作，原来为灰色部分的操作将被新的操作步骤所替代，如图 1-36 所示。在"历史记录"面板中，已经被撤销的步骤将无法重新找回。

图 1-33

图 1-34

图 1-35

图 1-36

"历史记录"面板可以显示操作对象的一些数据。在面板中单击鼠标右键，在弹出式菜单中选择"视图 > 在面板中显示变量"命令，如图 1-37 所示。这时，在面板中显示出操作对象的具体参数，如图 1-38 所示。

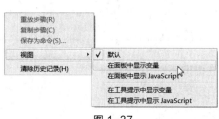
图 1-37

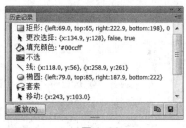
图 1-38

在"历史记录"面板中，可以清除已经应用过的操作步骤。在面板中单击鼠标右键，在弹出式菜单中选择"清除历史记录"命令，如图 1-39 所示；弹出提示对话框，如图 1-40 所示，单击"是"按钮，面板中的所有操作步骤将会被清除，如图 1-41 所示。清除历史记录后，将无法找回被清除的记录。

图 1-39

图 1-40

图 1-41

第 2 章
图形的绘制与编辑

本章介绍

　　本章将介绍 Flash CS6 绘制图形的功能和编辑图形的技巧，还将讲解多种选择图形的方法以及设置图形色彩的技巧。读者通过学习，要掌握绘制图形、编辑图形的方法和技巧，要能独立绘制出所需的各种图形效果并对其进行编辑，为进一步学习 Flash CS6 打下坚实的基础。

学习目标

- 熟练掌握绘制图形的多种工具的使用方法。
- 熟练掌握多种图形编辑工具的使用方法和技巧。
- 了解图形的色彩，并掌握几种常用的色彩面板。

技能目标

- 掌握"淘依府标志"的绘制方法和技巧。
- 掌握"卡通小鸡"的绘制方法和技巧。
- 掌握"播放器"的绘制方法和技巧。
- 掌握绘制和编辑图形的方法。

2.1 图形的绘制与选择

在 Flash CS6 中创造的充满活力的设计作品都是由基本图形组成的，Flash CS6 提供了各种工具来绘制线条和图形。应用绘制工具可以绘制多变的图形与路径。要在舞台上修改图形对象，需要先选择对象，再对其进行修改。

命令介绍

线条工具：可以绘制不同颜色、宽度、线型的直线。

铅笔工具：可以像使用真实的铅笔一样绘制出任意的线条和形状。

椭圆工具：可以绘制出不同样式的椭圆形和圆形。

刷子工具：可以像现实生活中的刷子涂色一样创建出刷子般的绘画效果，如书法效果就可使用刷子工具实现。

矩形工具：可以绘制出不同样式的矩形。

钢笔工具：可以绘制精确的路径，如在创建直线或曲线的过程中，可以先绘制直线或曲线，再调整直线段的角度、长度以及曲线段的斜率。

选择工具：可以完成选择、移动、复制、调整向量线条和色块的功能，是使用频率较高的一种工具。

套索工具：可以按需要在对象上选取任意一部分不规则的图形。

2.1.1 课堂案例——绘制淘依府标志

【案例学习目标】使用不同的绘图工具绘制图形。

【案例知识要点】使用矩形工具、套索工具、铅笔工具、椭圆工具来完成标志的绘制，如图 2-1 所示。

【效果所在位置】光盘/Ch02/效果/绘制淘依府标志.fla。

图 2-1

1. 绘制标志图形

（1）选择"文件 > 新建"命令，在弹出的"新建文档"对话框中选择"ActionScript 3.0"选项，单击"确定"按钮，进入新建文档舞台窗口。按 Ctrl+F3 组合键，弹出文档"属性"面板。单击面板中的"编辑文档属性"按钮，弹出"文档设置"对话框，将"宽度"选项设为 471，"高度"选项设为 278，单击"确定"按钮，改变舞台窗口的大小。

（2）按 Ctrl+F8 组合键，弹出"创建新元件"对话框，在"名称"选项的文本框中输入"标志"，在"类型"选项下拉列表中选择"图形"选项，单击"确定"按钮，新建图形元件"标志"，舞台窗口也随之转换为图形元件的舞台窗口。

（3）将"图层 1"重新命名为"图形"。选择"铅笔"工具，在铅笔"属性"面板中将"笔触颜色"设为粉色（#FF6699），"笔触"选项设为 2，其他选项的设置如图 2-2 所示，在舞台窗口中绘制出 1 个闭合边线，效果如图 2-3 所示。

（4）选择"颜料桶"工具，在工具箱中将"填充颜色"设为白色，在边线内部单击鼠标，填充图形，如图 2-4 所示。

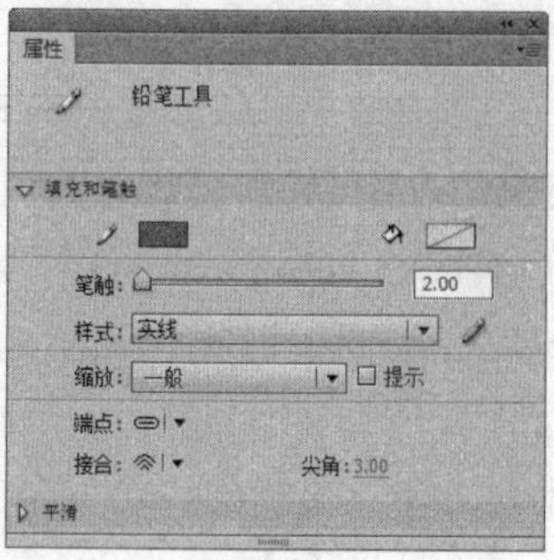

图 2-2

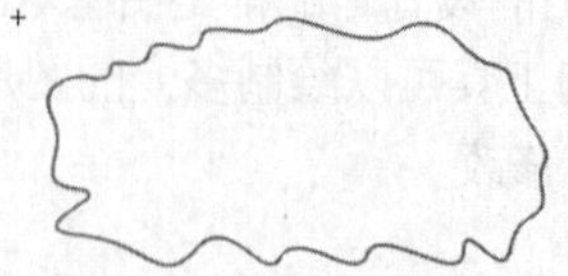

图 2-3

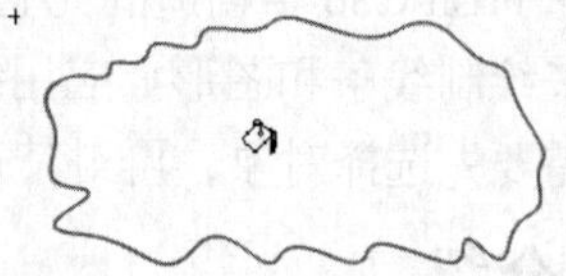

图 2-4

（5）选择“椭圆”工具，在椭圆“属性”面板中将“笔触颜色”设为粉色（#FF6699），“填充颜色”设为白色，“笔触”选项设为 2，其他选项的设置如图 2-5 所示；在舞台窗口中绘制多个圆形，效果如图 2-6 所示。

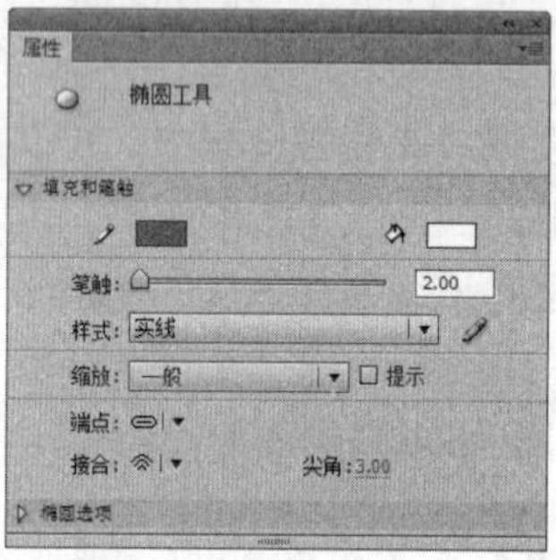

图 2-5

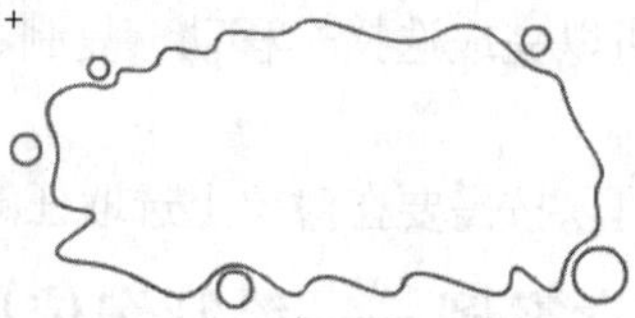

图 2-6

2．添加并编辑文字

（1）单击“时间轴”面板下方的“新建图层”按钮，创建新图层并将其命名为“文字”。选择“文本”工具，在文本工具“属性”面板中进行设置，在舞台窗口中适当的位置输入大小为 45，字体为“汉仪漫步体简”的黑色文字，文字效果如图 2-7 所示。选中文字“依”，如图 2-8 所示，在文本工具“属性”面板中设置“系列”选项为“汉仪漫步体简”，“大小”选项为 90，“颜色”选项为青色（#00CCFF），效果如图 2-9 所示。

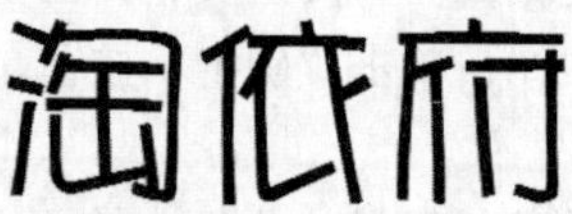

图 2-7

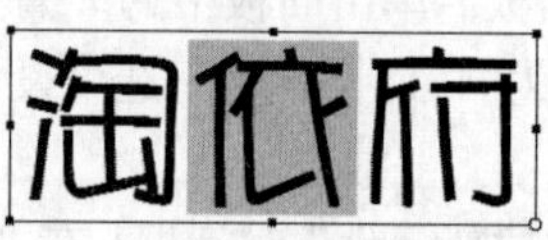

图 2-8

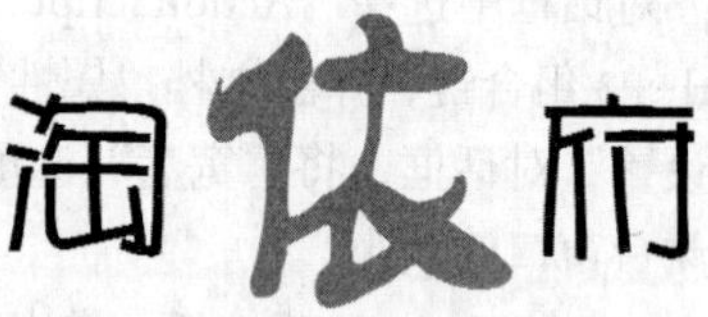

图 2-9

（2）选择“选择”工具，选中文字，按两次 Ctrl+B 组合键，将文字打散。选择“套索”工具，选中工具箱下方的“多边形模式”按钮，圈选“淘”字左边的笔画，如图 2-10 所示；按 Delete 键将其删除，效果如图 2-11 所示。用相同的方法删除其他文字的笔画，效果如图 2-12 所示。

（3）选择“选择”工具，在“府”字的上部拖曳一个矩形选框，如图 2-13 所示。按 Delete 键将其删除，效果如图 2-14 所示。

图 2-10　　　图 2-11　　　　　　图 2-12　　　　　　　图 2-13　　　图 2-14

（4）单击"时间轴"面板下方的"新建图层"按钮 ，创建新图层并将其命名为"画笔装饰"。选择"铅笔"工具 ，在铅笔"属性"面板中将"笔触颜色"设为黑色，"笔触"选项设为 3，在"淘"字的左上方绘制 1 条曲线，效果如图 2-15 所示。用相同的方法在适当的位置再绘制 3 条曲线，效果如图 2-16 所示。

图 2-15　　　　　　　　图 2-16

（5）选择"多角星形"工具 ，在其"属性"面板中将"笔触颜色"设为黑色，"填充颜色"设为黑色，"笔触"选项设为 3。在"属性"面板中单击"工具设置"选项下的"选项"按钮 选项... ，弹出"工具设置"对话框，将"边数"选项设为 6，其他选项设置如图 2-17 所示，单击"确定"按钮，在"府"字图形的上方绘制 1 个星星，效果如图 2-18 所示。

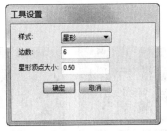

图 2-17　　　　　　　　图 2-18

（6）选择"文件 > 导入 > 导入到舞台"命令，在弹出的"导入"对话框中选择"Ch02 > 素材 > 绘制淘依府标志 > 02"文件，单击"打开"按钮，图片被导入到舞台窗口中。将其拖曳至适当的位置，效果如图 2-19 所示。选择"任意变形"工具 ，按住 Alt 键的同时拖曳心形至适当的位置，复制图形并缩小。效果如图 2-20 所示。

图 2-19　　　　　　　　图 2-20

（7）选择"选择"工具 ，在舞台窗口中圈选所需图形，如图 2-21 所示；选中图形，并拖曳至适当的位置，效果如图 2-22 所示。

图 2-21

图 2-22

3. 绘制背景图形

（1）单击舞台窗口左上方的"场景 1"图标 ，进入"场景 1"的舞台窗口，将"图层 1"重命名为"背景"。选择"矩形"工具，在工具箱中将"笔触颜色"设为无，"填充颜色"设为红色（#DB0158），在舞台窗口中绘制 1 个与舞台大小相同的矩形，如图 2-23 所示。

（2）单击"时间轴"面板下方的"新建图层"按钮，创建新图层并将其命名为"矩形"。在"颜色"面板中将

图 2-23

"笔触颜色"设为无，"填充颜色"设为白色，"Alpha"选项设为 80%，如图 2-24 所示；在舞台窗口中绘制出 2 个矩形，效果如图 2-25 所示。在"颜色"面板中将"Alpha"选项设为 60%，在舞台窗口中绘制 2 个矩形，效果如图 2-26 所示。

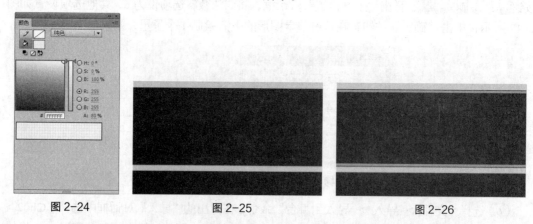

图 2-24　　　　　　图 2-25　　　　　　图 2-26

（3）在"颜色"面板中将"Alpha"选项设为 40%，在舞台窗口中绘制 2 个矩形，效果如图 2-27 所示。在"颜色"面板中将"Alpha"选项设为 20%，在舞台窗口中绘制 2 个矩形，效果如图 2-28 所示。

图 2-27　　　　　　图 2-28

（4）在"颜色"面板中将"Alpha"选项设为 9%，在舞台窗口中绘制 2 个矩形，效果如图

2-29 所示。在"颜色"面板中将"Alpha"选项设为 100%，在舞台窗口中绘制 1 个矩形，效果如图 2-30 所示。

图 2-29   图 2-30

（5）单击"时间轴"面板下方的"新建图层"按钮，创建新图层并将其命名为"文字"。选择"文件 > 导入 > 导入到舞台"命令，在弹出的"导入"对话框中选择"Ch02 > 素材 > 绘制淘依府标志 > 01"文件，单击"打开"按钮，图片被导入到舞台窗口中。将其拖曳至适当的位置，效果如图 2-31 所示。

（6）单击"时间轴"面板下方的"新建图层"按钮，创建新图层并将其命名为"标志"。将"库"面板中的图形元件"标志"拖曳至舞台窗口中，效果如图 2-32 所示。淘依府标志效果制作完成，按 Ctrl+Enter 组合键即可查看效果。

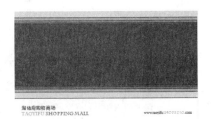

图 2-31   图 2-32

2.1.2　线条工具

选择"线条"工具，在舞台上单击鼠标，按住鼠标不放并向右拖动到需要的位置，绘制出 1 条直线，松开鼠标，直线效果如图 2-33 所示。在线条工具"属性"面板中设置不同的笔触颜色、笔触大小、笔触样式，如图 2-34 所示。

设置不同的笔触属性后，绘制的线条如图 2-35 所示。

图 2-33   图 2-34   图 2-35

选择"线条"工具时，如果按住 Shift 键的同时拖曳鼠标绘制，则只能在 45°或 45°的倍数方向绘制直线，无法为线条工具设置填充属性。

2.1.3　铅笔工具

选择"铅笔"工具 ✐，在舞台上单击鼠标，按住鼠标不放，在舞台上随意绘制出线条，松开鼠标，线条效果如图 2-36 所示。如果想要绘制出平滑或伸直的线条和形状，可以在工具箱下方的选项区域中为铅笔工具选择一种绘画模式，如图 2-37 所示。

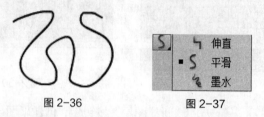

图 2-36　　　　　　　　　图 2-37

"伸直"选项：可以绘制直线，并将接近三角形、椭圆、圆形、矩形和正方形的形状转换为这些常见的几何形状。"平滑"选项：可以绘制平滑曲线。"墨水"选项：可以绘制不用修改的手绘线条。

在铅笔工具"属性"面板中设置不同的笔触颜色、笔触大小、笔触样式，如图 2-38 所示。设置不同的笔触属性后，绘制的图形如图 2-39 所示。

单击属性面板右侧的"编辑笔触样式"按钮 ✐，弹出"笔触样式"对话框，如图 2-40 所示，在对话框中可以自定义笔触样式。

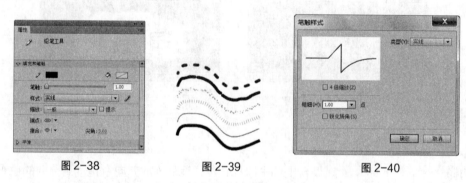

图 2-38　　　　　　　图 2-39　　　　　　　图 2-40

"4 倍缩放"选项：可以放大 4 倍预览设置不同选项后所产生的效果。

"粗细"选项：可以设置线条的粗细。

"锐化转角"选项：勾选此选项可以使线条的转折效果变得明显。

"类型"选项：可以在下拉列表中选择线条的类型。

知识提示　　　选择"铅笔"工具 ✐ 时，如果按住 Shift 键的同时拖曳鼠标绘制，则可将线条限制为垂直或水平方向。

2.1.4　椭圆工具

选择"椭圆"工具 ⬭，在舞台上单击鼠标，按住鼠标不放，向需要的位置拖曳鼠标，绘制椭圆，松开鼠标，图形效果如图 2-41 所示。按住 Shift 键的同时绘制图形，可以绘制出圆形，效果如图 2-42 所示。

在椭圆工具"属性"面板中设置不同的笔触颜色、笔触大小、笔触样式和填充颜色，如图 2-43 所示。设置不同的笔触属性和填充颜色后，绘制的图形如图 2-44 所示。

图 2-41 　　 图 2-42 　　　　 图 2-43 　　　　　 图 2-44

2.1.5 刷子工具

选择 "刷子" 工具 ，在舞台上单击鼠标，按住鼠标不放，随意绘制出图形，松开鼠标，图形效果如图 2-45 所示。可以在刷子工具 "属性" 面板中设置不同的填充颜色和笔触平滑度，如图 2-46 所示。

在工具箱的下方应用 "刷子大小" 选项 、"刷子形状" 选项 ，可以设置刷子的大小与形状。设置不同的刷子形状后所绘制的笔触效果如图 2-47 所示。

图 2-45 　　　　　 图 2-46 　　　　　　　 图 2-47

系统在工具箱的下方提供了 5 种刷子的模式可供选择，如图 2-48 所示。

"标准绘画" 模式：在同一层的线条和填充上以覆盖的方式涂色。

"颜料填充" 模式：对填充区域和空白区域涂色，其他部分（如边框线）不受影响。

"后面绘画" 模式：在舞台上同一层的空白区域涂色，但不影响原有的线条和填充。

"颜料选择" 模式：在选定的区域内进行涂色，未被选中的区域不能够涂色。

"内部绘画" 模式：在内部填充上绘图，但不影响线条。如果在空白区域中开始涂色，该填充不会影响任何现有填充区域。

应用不同模式绘制出的效果如图 2-49 所示。

　　　　　　　　　　标准绘画　　　颜料填充　　　后面绘画　　　颜料选择　　　内部绘画

图 2-48 　　　　　　　　　　　 图 2-49

"锁定填充" 按钮 ：先为刷子选择径向渐变色彩。当没有选择此按钮时，用刷子绘制线条，每个线条都有自己完整的渐变过程，线条与线条之间不会互相影响，如图 2-50 所示；

当选择此按钮时，颜色的渐变过程形成一个固定的区域，在这个区域内，刷子绘制到的地方，就会显示出相应的色彩，如图 2-51 所示。

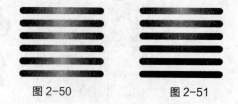

图 2-50　　　　　　图 2-51

在使用刷子工具涂色时，可以使用导入的位图作为填充。

导入"01"图片，如图 2-52 所示。选择"窗口 > 颜色"命令，弹出"颜色"面板，将"颜色类型"选项设为"位图填充"，用刚才导入的位图作为填充图案，如图 2-53 所示。选择"刷子"工具 ✐ ，在窗口中随意绘制一些笔触，效果如图 2-54 所示。

图 2-52　　　　　　图 2-53　　　　　　图 2-54

2.1.6　矩形工具

选择"矩形"工具 ▢ ，在舞台上单击鼠标，按住鼠标不放，向需要的位置拖曳鼠标，绘制出矩形图形，松开鼠标，矩形图形效果如图 2-55 所示。按住 Shift 键的同时绘制图形，可以绘制出正方形，如图 2-56 所示。

可以在矩形工具"属性"面板中设置不同的笔触颜色、笔触大小、笔触样式和填充颜色，如图 2-57 所示。设置不同的笔触属性和填充颜色后，绘制的图形如图 2-58 所示。

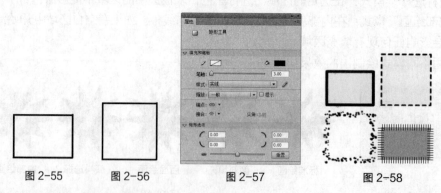

图 2-55　　　图 2-56　　　　　图 2-57　　　　　图 2-58

可以应用矩形工具绘制圆角矩形。选择"属性"面板，在"矩形边角半径"选项的数值框中输入需要的数值，如图 2-59 所示。输入的数值不同，绘制出的圆角矩形也相应地不同，效果如图 2-60 所示。

图 2-59   图 2-60

2.1.7 多角星形工具

应用多角星形工具可以绘制出不同样式的多边形和星形。选择"多角星形"工具 ⬡，在舞台上单击并按住鼠标左键不放，向需要的位置拖曳鼠标，绘制出多边形，松开鼠标，多边形效果如图 2-61 所示。

在多角星形工具"属性"面板中设置不同的笔触颜色、笔触大小、笔触样式和填充颜色，如图 2-62 所示。设置不同的边框属性和填充颜色后，绘制的图形如图 2-63 所示。

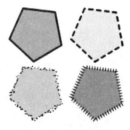

图 2-61   图 2-62   图 2-63

单击属性面板下方的"选项"按钮 ▭ 选项... ▭，弹出"工具设置"对话框，如图 2-64 所示，在对话框中可以自定义多边形的各种属性。

"样式"选项：在此选项中选择绘制多边形或星形。

"边数"选项：设置多边形的边数，选取范围为 3～32。

"星形顶点大小"选项：输入一个 0～1 的数值以指定星形顶点的深度。此数值越接近 0，创建的顶点就越深。此选项在多边形形状绘制中不起作用。

设置不同数值后，绘制出的多边形和星形也相应地不同，如图 2-65 所示。

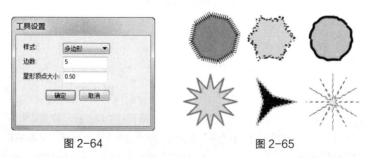

图 2-64   图 2-65

2.1.8 钢笔工具

选择"钢笔"工具 ，将鼠标放置在舞台上想要绘制曲线的起始位置，然后按住鼠标不放。此时出现第一个锚点，并且钢笔尖光标变为箭头形状，如图 2-66 所示。松开鼠标，将鼠标放置在想要绘制的第二个锚点的位置，单击鼠标并按住不放，绘制出 1 条直线段，如图 2-67 所示。将鼠标向其他方向拖曳，直线转换为曲线，如图 2-68 所示。松开鼠标，1 条曲线绘制完成，如图 2-69 所示。

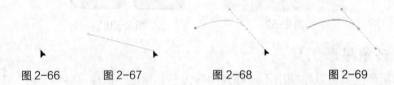

图 2-66　　　　图 2-67　　　　图 2-68　　　　图 2-69

用相同的方法可以绘制出由多条曲线段组合而成的不同样式的曲线，如图 2-70 所示。在绘制线段时，如果按住 Shift 键，再进行绘制，绘制出的线段将被限制为倾斜 45°的倍数，如图 2-71 所示。

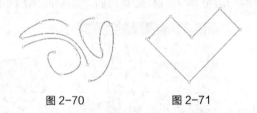

图 2-70　　　　　　　图 2-71

在绘制线段时，"钢笔"工具 的光标会产生不同的变化，其表示的含义也不同。

增加节点：当光标变为带加号时 ，如图 2-72 所示，在线段上单击鼠标就会增加一个节点，这样有助于更精确地调整线段。增加节点后效果如图 2-73 所示。

图 2-72　　　　　　　图 2-73

删除节点：当光标变为带减号时 ，如图 2-74 所示，在线段上单击节点，就会将这个节点删除。删除节点后效果如图 2-75 所示。

转换节点：当光标变为带折线时 ，如图 2-76 所示，在线段上单击节点，就会将这个节点从曲线节点转换为直线节点。转换节点后效果如图 2-77 所示。

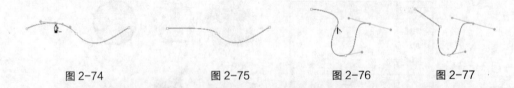

图 2-74　　　　　　图 2-75　　　　　　图 2-76　　　　　　图 2-77

知识提示

当选择"钢笔"工具 绘画时，若在用铅笔、刷子、线条、椭圆或矩形工具创建的对象上单击，就可以调整对象的节点，以改变这些线条的形状。

2.1.9 选择工具

选择"选择"工具 ，工具箱下方出现图 2-78 所示的按钮，利用这些按钮可以完成以下工作。

图 2-78

"贴紧至对象"按钮 ：自动将舞台上两个对象定位到一起。一般制作引导层动画时可利用此按钮将关键帧的对象锁定到引导路径上。此按钮还可以将对象定位到网格上。

"平滑"按钮 ：可以柔化选择的曲线条。当选中对象时，此按钮变为可用。

"伸直"按钮 ：可以锐化选择的曲线条。当选中对象时，此按钮变为可用。

1．选择对象

选择"选择"工具 ，在舞台中的对象上单击鼠标进行点选，如图 2-79 所示。按住 Shift 键，再点选对象，可以同时选中多个对象，如图 2-80 所示。在舞台中拖曳出一个矩形可以框选对象，如图 2-81 所示。

图 2-79　　　　　图 2-80　　　　　图 2-81

2．移动和复制对象

选择"选择"工具 ，点选中对象，如图 2-82 所示。按住鼠标不放，直接拖曳对象到任意位置，如图 2-83 所示。

选择"选择"工具 ，点选中对象，按住 Alt 键，拖曳选中的对象到任意位置，选中的对象被复制，如图 2-84 所示。

图 2-82　　　　　图 2-83　　　　　图 2-84

3．调整矢量线条和色块

选择"选择"工具 ，将鼠标移至对象，鼠标下方出现圆弧 ，如图 2-85 所示。拖动鼠标，对选中的线条和色块进行调整，如图 2-86 所示。

图 2-85　　　　　图 2-86

2.1.10 部分选取工具

选择"部分选取"工具，在对象的外边线上单击，对象上出现多个节点，如图 2-87 所示。拖动节点来调整控制线的长度和斜率，从而改变对象的曲线形状，如图 2-88 所示。

图 2-87   图 2-88

 若想增加图形上的节点，可用"钢笔"工具在图形上单击来完成。

在改变对象的形状时，"部分选取"工具的光标会产生不同的变化，其表示的含义也不同。

带黑色方块的光标：当鼠标放置在节点以外的线段上时，光标变为，如图 2-89 所示。这时，可以移动对象到其他位置，如图 2-90、图 2-91 所示。

图 2-89   图 2-90   图 2-91

带白色方块的光标：当鼠标放置在节点上时，光标变为，如图 2-92 所示。这时，可以移动单个的节点到其他位置，如图 2-93、图 2-94 所示。

图 2-92   图 2-93   图 2-94

变为小箭头的光标：当鼠标放置在节点调节手柄的尽头时，光标变为，如图 2-95 所示。这时，可以调节与该节点相连的线段的弯曲度，如图 2-96、图 2-97 所示。

 在调整节点的手柄时，调整一个手柄，另一个相对的手柄也会随之发生变化。如果只想调整其中的一个手柄，按住 Alt 键，再进行调整即可。

图 2-95　　　　　　　　图 2-96　　　　　　　　图 2-97

可以将直线节点转换为曲线节点，并进行弯曲度调节。选择"部分选取"工具 ，在对象的外边线上单击，对象上显示出节点，如图 2-98 所示。用鼠标单击要转换的节点，节点从空心变为实心，表示可编辑，如图 2-99 所示。

图 2-98　　　　　　　　　　　图 2-99

按住 Alt 键，用鼠标将节点向外拖曳，节点增加出两个可调节手柄，如图 2-100 所示。应用调节手柄可调节线段的弯曲度，如图 2-101 所示。

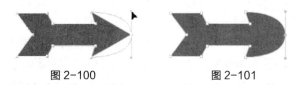

图 2-100　　　　　　　　图 2-101

2.1.11　套索工具

选择"套索"工具 ，在场景中导入一幅位图，按 Ctrl+B 组合键，将位图进行分离。用鼠标在位图上任意勾画想要的区域，形成一个封闭的选区，如图 2-102 所示。松开鼠标，选区中的图像被选中，如图 2-103 所示。

在选择"套索"工具 后，工具箱的下方出现如图 2-104 所示的按钮。

图 2-102　　　　　　　　图 2-103　　　　　　　图 2-104

"魔术棒"按钮 ：以点选的方式选择颜色相似的位图图形。

选中"魔术棒"按钮 ，将光标放在位图上，光标变为 ，在要选择的位图上单击鼠标，如图 2-105 所示。与点取点颜色相近的图像区域被选中。如图 2-106 所示。

"魔术棒设置"按钮 ：可以用来设置魔术棒的属性。应用不同的属性，魔术棒选取的图像区域大小各不相同。

单击"魔术棒设置"按钮 ，弹出"魔术棒设置"对话框，如图 2-107 所示。

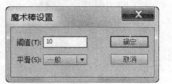

图 2-105   图 2-106   图 2-107

在"魔术棒设置"对话框中设置不同数值后，所产生的不同效果如图 2-108 所示。

（a）阈值为 10 时选取图像的区域   （b）阈值为 50 时选取图像的区域

图 2-108

"多边形模式"按钮：可以用鼠标精确地勾画想要选中的图像。

选中"多边形模式"按钮，在图像上单击鼠标，确定第一个定位点；松开鼠标并将鼠标移至下一个定位点，再次单击鼠标，用相同的方法直到勾画出想要的图像，并使选取区域形成一个封闭的状态，如图 2-109 所示。双击鼠标，选区中的图像被选中，如图 2-110 所示。

图 2-109   图 2-110

2.2　图形的编辑

使用图形编辑工具可以改变图形的色彩、线条、形态等属性，可以创建充满变化的图形效果。

命令介绍

颜料桶工具：可以修改向量图形的填充色。

橡皮擦工具：用于擦除舞台上无用的向量图形边框和填充色。

任意变形工具：可以改变选中图形的大小，还可以旋转图形。

2.2.1　课堂案例——绘制卡通小鸡

【案例学习目标】使用不同的绘图工具绘制卡通小鸡图形。

【案例知识要点】使用椭圆工具、矩形工具、钢笔工具、刷子

图 2-111

工具来完成卡通小鸡的绘制，如图 2-111 所示。

【效果所在位置】光盘/Ch02/效果/绘制卡通小鸡.fla。

（1）选择"文件 > 新建"命令，在弹出的"新建文档"对话框中选择"ActionScript 3.0"选项，单击"确定"按钮，进入新建文档舞台窗口。

（2）将"图层 1"重新命名为"背景"。选择"椭圆"工具 ，在椭圆"属性"面板中将"笔触颜色"设为无，"填充颜色"设为青色（#61CCEB），其他选项的设置如图 2-112 所示。在舞台窗口中绘制多个圆形，效果如图 2-113 所示。

图 2-112

图 2-113

（3）选择"选择"工具 ，选中图形；按 Ctrl+C 组合键，复制图形；按 Ctrl+Shift+V 组合键，将图形粘贴到当前位置；选择"任意变形"工具 ，按住 Alt+Shift 组合键的同时，用鼠标拖动右上方的的控制点，等比例缩小图形，效果如图 2-114 所示；在工具箱中将"填充颜色"设为淡青色（#DDF1FC），填充图形，效果如图 2-115 所示。

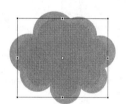

图 2-114

图 2-115

（4）在"时间轴"面板中创建新图层并将其命名为"脑袋"。选择"窗口 > 颜色"命令，弹出"颜色"面板，在"类型"选项的下拉列表中选择"径向渐变"，在色带上设置 3 个控制点，分别选中色带上两侧的控制点，并将其设为淡黄色（# F8F5B4）、棕色（# CB914B），选中色带上中间的控制点，将其设为淡棕色（# F8CB82），生成渐变色，如图 2-116 所示；选择"椭圆"工具 ，在舞台窗口中适当的位置绘制椭圆形，效果如图 2-117 所示。

图 2-116

图 2-117

（5）单击"时间轴"面板下方的"新建图层"按钮 🖬，创建新图层并将其命名为"眼睛"。选择"椭圆"工具 ◯，在工具箱中将"填充颜色"设为白色，按住 Shift 键的同时，在舞台窗口中绘制圆形，效果如图 2-118 所示。

（6）选择"选择"工具 ▶，选中圆形；按住 Alt+Shift 键的同时，水平向右拖曳圆形到适当的位置，复制圆形，效果如图 2-119 所示。

图 2-118　　　　　　　　　图 2-119

（7）选择"矩形"工具 ▢，在工具箱中将"笔触颜色"设为无，"填充颜色"设为黑色，在舞台窗口中绘制矩形，效果如图 2-120 所示。

（8）选择"多角星形"工具 ◯，在多角星形"属性"面板中将"笔触颜色"设为无，"填充颜色"设为黑色，在"属性"面板中单击"工具设置"选项下的"选项"按钮 [选项...]，弹出"工具设置"对话框，将"边数"选项设为 5，其他选项设置如图 2-121 所示，单击"确定"按钮，在圆形的上方绘制 1 个星星，效果如图 2-122 所示。

图 2-120　　　　　　　　图 2-121　　　　　　　　图 2-122

（9）单击"时间轴"面板下方的"新建图层"按钮 🖬，创建新图层并将其命名为"嘴巴"。选择"钢笔"工具 ✎，绘制一个闭合路径，如图 2-123 所示。

（10）选择"颜料桶"工具 ⬥，在工具箱中将"填充颜色"设为橘红色（#EB5C1E），在边线内部单击鼠标，填充图形，如图 2-124 所示。选择"选择"工具 ▶，在边线上双击鼠标选中边线，按 Delete 键，将其删除，效果如图 2-125 所示。

图 2-123　　　　　　　　图 2-124　　　　　　　　图 2-125

（11）选择"选择"工具 ▶，选中图形；按 Ctrl+C 组合键，复制图形；按 Ctrl+Shift+V 组合键，将图形粘贴到当前位置；选择"任意变形"工具 ▦，按住 Alt 键的同时，用鼠标拖动上方中间的的控制点，缩小图形，效果如图 2-126 所示。在工具箱中将"填充颜色"设为棕色（#530000），填充图形，效果如图2-127所示。

（12）单击"时间轴"面板下方的"新建图层"按钮 🖺，创建新图层并将其命名为"翅膀"。选择"钢笔"工具 🖊，绘制一个闭合路径，如图2-128所示。

图2-126　　　　图2-127　　　　　　图2-128

（13）选择"颜料桶"工具 🖌，在工具箱中将"填充颜色"设为橘红色（#EB5C1E），在边线内部单击鼠标，填充图形，如图2-129所示。选择"选择"工具 ➤，在边线上双击鼠标选中边线，按Delete键，将其删除，效果如图2-130所示。使用相同的方法制作右边翅膀，效果如图2-131所示。

图2-129　　　　　　图2-130　　　　　　图2-131

（14）在"时间轴"面板中，将"翅膀"图层拖曳到"脑袋"图层的下方，如图2-132所示，在舞台窗口中效果如图2-133所示。

（15）选中"嘴巴"图层。单击"时间轴"面板下方的"新建图层"按钮 🖺，创建新图层并将其命名为"腿"。选择"刷子"工具 🖌，在工具箱中将"填充颜色"设为橘红色（#EB5C1E），在工具箱下方的"刷子大小"选项中将笔刷设为第3个，将"笔刷形状"选项设为圆形，在舞台窗中绘制出图形，效果如图2-134所示。

图2-132　　　　　　图2-133　　　　　　图2-134

（16）用相同的方法制作右边的腿图形，效果如图2-135所示。单击"时间轴"面板下方的"新建图层"按钮 🖺，创建新图层并将其命名为"心形"。选择"钢笔"工具 🖊，绘制一个闭合路径，如图2-136所示。

（17）选择"颜料桶"工具 🖌，在工具箱中将"填充颜色"设为褐色（#95262A），在边线内部单击鼠标，填充图形。选择"选择"工具 ➤，在边线上双击鼠标选中边线，按Delete键，将其删除，效果如图2-137所示。卡通小鸡制作完成，按Ctrl+Enter组合键即可查看效果。

图 2-135　　　　　　　　图 2-136　　　　　　　　图 2-137

2.2.2　墨水瓶工具

使用墨水瓶工具可以修改矢量图形的边线。

打开文件，如图 2-138 所示。选择"墨水瓶"工具 ，在"属性"面板中设置笔触颜色、笔触大小以及笔触样式，如图 2-139 所示。

图 2-138　　　　　　　　图 2-139

这时，光标变为 。在图形上单击鼠标，为图形增加设置好的边线，如图 2-140 所示。在"属性"面板中设置不同的属性，所绘制的边线效果也不同，如图 2-141 所示。

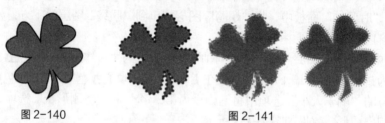

图 2-140　　　　　　　　　　　　图 2-141

2.2.3　颜料桶工具

绘制"四叶草"线框图形，如图 2-142 所示。选择"颜料桶"工具 ，在其"属性"面板中将"填充颜色"设为绿色（#33FF33），如图 2-143 所示。在线框内单击鼠标，线框内被填充颜色，如图 2-144 所示。

在工具箱的下方系统设置了 4 种填充模式可供选择，如图 2-145 所示。

图 2-142　　　　　图 2-143　　　　　图 2-144　　　　　图 2-145

"不封闭空隙"模式：选择此模式时，只有在完全封闭的区域，颜色才能被填充。

"封闭小空隙"模式：选择此模式时，当边线上存在小空隙时，允许填充颜色。

"封闭中等空隙"模式：选择此模式时，当边线上存在中等空隙时，允许填充颜色。

"封闭大空隙"模式：选择此模式时，当边线上存在大空隙时，允许填充颜色。当选择此模式时，如果空隙是小空隙或是中等空隙，也都可以填充颜色。

根据线框空隙的大小，应用不同的模式进行填充，效果如图 2-146 所示。

不封闭空隙模式　　封闭小空隙模式　　封闭中等空隙模式　　封闭大空隙模式

图 2-146

"锁定填充"按钮：可以对填充颜色进行锁定，锁定后填充颜色不能被更改。

没有选择此按钮时，填充颜色可以根据需要进行变更，如图 2-147 所示。

选择此按钮时，鼠标放置在填充颜色上，光标变为，填充颜色被锁定，不能随意变更，如图 2-148 所示。

图 2-147　　　　　　　　　　　　　　图 2-148

2.2.4　滴管工具

使用滴管工具可以吸取矢量图形的线型和色彩，然后利用颜料桶工具，快速修改其他矢量图形内部的填充色。利用墨水瓶工具，可以快速修改其他矢量图形的边框颜色及线型。

1．吸取填充色

选择"滴管"工具，将光标放在左边图形的填充色上，光标变为，在填充色上单击鼠标，吸取填充色样本，如图 2-149 所示。

单击后，光标变为，表示填充色被锁定。在工具箱的下方，取消对"锁定填充"按钮的选取，光标变为，在右边图形的填充色上单击鼠标，图形的颜色被修改，如图 2-150 所示。

2．吸取边框属性

选择"滴管"工具，将鼠标放在左边图形的外边框上，光标变为，在外边框上单击鼠标，吸取边框样本，如图 2-151 所示。单击后，光标变为，在右边图形的外边框上单击鼠标，添加边线，如图 2-152 所示。

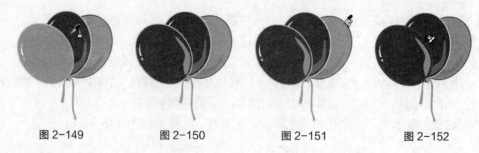

图 2-149　　　　　图 2-150　　　　　图 2-151　　　　　图 2-152

3．吸取位图图案

滴管工具可以吸取外部引入的位图图案。导入 06 图片，如图 2-153 所示。按 Ctrl+B 组合键，将其打散。绘制一个圆形图形，如图 2-154 所示。

选择"滴管"工具 ，将鼠标放在位图上，光标变为 ，单击鼠标，吸取图案样本，如图 2-155 所示。单击后，光标变为 ，在圆形图形上单击鼠标，图案被填充，如图 2-156 所示。

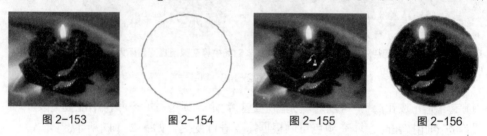

图 2-153　　　　　图 2-154　　　　　图 2-155　　　　　图 2-156

选择"渐变变形"工具 ，单击被填充图案样本的椭圆形，出现控制点，如图 2-157 所示。按住 Shift 键，将左下方的控制点向中心拖曳，如图 2-158 所示。填充图案变小，如图 2-159 所示。

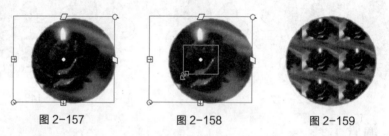

图 2-157　　　　　图 2-158　　　　　图 2-159

4．吸取文字颜色

滴管工具可以吸取文字的颜色。选择要修改的目标文字，如图 2-160 所示。选择"滴管"工具 ，将鼠标放在源文字上，光标变为 ，如图 2-161 所示。在源文字上单击鼠标，源文字的文字属性被应用到了目标文字上，如图 2-162 所示。

滴管工具 文字属性　　　滴管工具 文字属性　　　滴管工具 文字属性

图 2-160 　　　　　　　　图 2-161 　　　　　　　　图 2-162

2.2.5　橡皮擦工具

选择"橡皮擦"工具 ，在图形上想要删除的地方按下鼠标并拖动鼠标，图形被擦除，如图 2-163 所示。在工具箱下方的"橡皮擦形状"按钮 的下拉菜单中，可以选择橡皮擦的形状与大小。

如果想得到特殊的擦除效果，系统在工具箱的下方设置了 5 种擦除模式可供选择，如图 2-164 所示。

图 2-163   图 2-164

"标准擦除"模式：擦除同一层的线条和填充。选择此模式擦除图形的前后对照效果如图 2-165 所示。

"擦除填色"模式：仅擦除填充区域，其他部分（如边框线）不受影响。选择此模式擦除图形的前后对照效果如图 2-166 所示。

图 2-165   图 2-166

"擦除线条"模式：仅擦除图形的线条部分，而不影响其填充部分。选择此模式擦除图形的前后对照效果如图 2-167 所示。

"擦除所选填充"模式：仅擦除已经选择的填充部分，而不影响其他未被选择的部分。（如果场景中没有任何填充被选择，那么擦除命令无效。）选择此模式擦除图形的前后对照效果如图 2-167 所示。

图 2-167   图 2-168

"内部擦除"模式：仅擦除起点所在的填充区域部分，而不影响线条填充区域外的部分。选择此模式擦除图形的前后对照效果如图 2-169 所示。

图 2-169

要想快速删除舞台上的所有对象，双击"橡皮擦"工具即可。

要想删除矢量图形上的线段或填充区域，可以选择"橡皮擦"工具，再选中工具箱中的"水龙头"按钮，然后单击舞台上想要删除的线段或填充区域即可，如图 2-170、图 2-171 所示。

图 2-170　　　　　　　　　　　　图 2-171

| 知识提示 | 因为导入的位图和文字不是矢量图形，不能擦除它们的部分或全部，所以，必须先选择"修改 > 分离"命令，将它们分离成矢量图形，才能使用橡皮擦工具擦除它们的部分或全部。 |

2.2.6　任意变形工具和渐变变形工具

在制作图形的过程中，可以应用任意变形工具来改变图形的大小及倾斜度，也可以应用填充变形工具改变图形中渐变填充颜色的渐变效果。

1．任意变形工具

导入图片，按 Ctrl+B 组合键，将其打散。选择"任意变形"工具，在图形的周围出现控制点，如图 2-172 所示。拖曳控制点改变图形的大小，如图 2-173、图 2-174 所示。(按住 Shift 键，再拖曳控制点，可成比例地拖动图形。)

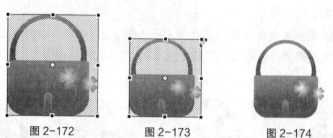

图 2-172　　　　　　图 2-173　　　　　　图 2-174

光标位于四个角的控制点上时变为↺，如图 2-175 所示。拖动鼠标旋转图形，如图 2-176 和图 2-177 所示。

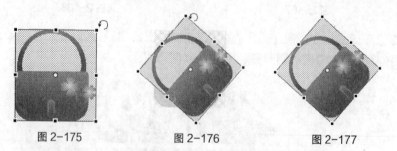

图 2-175　　　　　　图 2-176　　　　　　图 2-177

系统在工具箱的下方设置了 4 种变形模式可供选择，如图 2-178 所示。

"旋转与倾斜"模式：选中图形，选择"旋转与倾斜"模式，将鼠标放在图形上方中间的控制点上，光标变为⇌；按住鼠标不放，向右水平拖曳控制点，如图 2-179 所示；松开鼠标，图形变为倾斜，如图 2-180 所示。

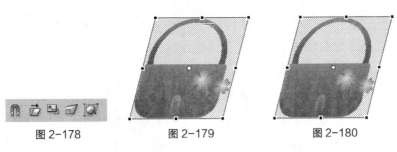

图 2-178　　　　　　　　图 2-179　　　　　　　　图 2-180

"缩放" ⬛ 模式：选中图形，选择"缩放"模式，将鼠标放在图形右上方的控制点上，光标变为 ⬈；按住鼠标不放，向左下方拖曳控制点，如图 2-181 所示；松开鼠标，图形变小，如图 2-182 所示。

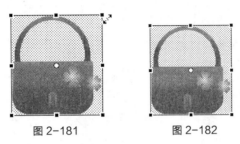

图 2-181　　　　　　　图 2-182

"扭曲" ⬛ 模式：选中图形，选择"扭曲"模式，将鼠标放在图形右上方的控制点上，光标变为 ⌐；按住鼠标不放，向左下方拖曳控制点，如图 2-183 所示；松开鼠标，图形扭曲，如图 2-184 所示。

"封套" ⬛ 模式：选中图形，选择"封套"模式，图形周围出现一些节点；调节这些节点来改变图形的形状，光标变为 ▷；拖曳节点，如图 2-185 所示；松开鼠标，图形扭曲，如图 2-186 所示。

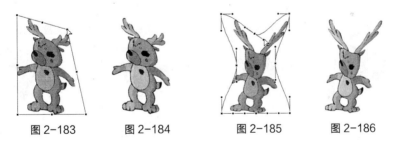

图 2-183　　　　　图 2-184　　　　　图 2-185　　　　　图 2-186

2．渐变变形工具

使用渐变变形工具可以改变选中图形中的填充渐变效果。当图形填充色为线性渐变色时，选择"渐变变形"工具 ⬛，用鼠标单击图形，出现 3 个控制点和 2 条平行线，如图 2-187 所示。向图形中间拖动方形控制点，渐变区域缩小，如图 2-188 所示。效果如图 2-189 所示。

图 2-187　　　　　　图 2-188　　　　　　图 2-189

将鼠标放置在旋转控制点上，光标变为 ⟳；拖曳旋转控制点来改变渐变区域的角度，如图 2-190 所示。效果如图 2-191 所示。

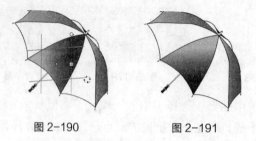

图 2-190　　　　　　　　图 2-191

当图形填充色为径向渐变色时，选择"渐变变形"工具 ，用鼠标单击图形，出现 4 个控制点和 1 个圆形外框，如图 2-192 所示。向图形外侧水平拖动方形控制点，水平拉伸渐变区域，如图 2-193 所示。效果如图 2-194 所示。

图 2-192　　　　　　图 2-193　　　　　　图 2-194

将鼠标放置在圆形边框中间的圆形控制点上，光标变为 ⊙；向图形内部拖曳鼠标，缩小渐变区域，如图 2-195 所示，效果如图 2-196 所示。将鼠标放置在圆形边框外侧的圆形控制点上，光标变为 ⟳，向上旋转拖动控制点，改变渐变区域的角度，如图 2-197 所示，效果如图 2-198 所示。

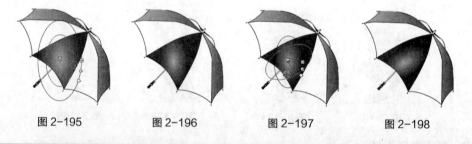

图 2-195　　　　图 2-196　　　　图 2-197　　　　图 2-198

知识提示　　通过移动中心控制点可以改变渐变区域的位置。

2.2.7　手形工具和缩放工具

手形工具和缩放工具都是辅助工具，它们本身并不直接创建和修改图形，而只是在创建和修改图形的过程中辅助用户进行操作。

1. 手形工具

如果图形很大或被放大得很大，那么需要利用"手形"工具 调整观察区域。选择"手形"工具 ，光标变为手形，按住鼠标不放，拖曳图像到需要的位置，如图 2-199 所示。

图 2-199

当使用其他工具时，按"空格"键即可切换到"手形"工具🤚。双击"手形"工具🤚，将自动调整图像大小以适合屏幕的显示范围。

2. 缩放工具

利用缩放工具放大图形以便观察细节，缩小图形以便观看整体效果。选择"缩放"工具🔍，在舞台上单击可放大图形，如图 2-200 所示。

要想放大图像中的局部区域，可在图像上拖曳出一个矩形选取框，如图 2-201 所示；松开鼠标后，所选取的局部图像被放大，如图 2-202 所示。

选中工具箱下方的"缩小"按钮🔍，在舞台上单击可缩小图像，如图 2-203 所示。

图 2-200   图 2-201

图 2-202   图 2-203

当使用"放大"按钮🔍时，按住 Alt 键单击也可缩小图形。用鼠标双击"缩放"工具🔍，可以使场景恢复到 100% 的显示比例。

2.3 图形的色彩

根据设计的要求，可以应用纯色编辑面板、颜色面板、样本面板来设置所需要的纯色、渐变色、颜色样本等。

命令介绍

颜色面板：可以设定纯色、渐变色以及颜色的不透明度。

纯色面板：可以选择系统设置的颜色，也可根据需要自行设定颜色。

样本面板：可以在样本面板中选择系统提供的纯色或渐变色。

2.3.1 课堂案例——绘制播放器

【案例学习目标】使用绘图工具绘制图形，使用浮动面板设置图形的颜色。

【案例知识要点】使用矩形工具、颜色面板、柔化填充边缘命令、颜料桶工具来完成水晶按钮的绘制，效果如图 2-204 所示。

图 2-204

【效果所在位置】光盘/Ch02/效果/绘制播放器.fla。

（1）选择"文件 > 新建"命令，在弹出的"新建文档"对话框中选择"ActionScript 3.0"选项，单击"确定"按钮，进入新建文档舞台窗口。

（2）将"图层 1"重新命名为"地盘"。选择"窗口 > 颜色"命令，弹出"颜色"面板，在"类型"选项的下拉列表中选择"线性渐变"；在色带上设置 3 个控制点，分别选中色带上两侧的控制点，并将其设为灰色（#727171）、黑色（#231916），选中色带上中间的控制点，将其设为淡黑色（#535150），生成渐变色，如图 2-205 所示；选择"矩形"工具 ，在矩形工具"属性"面板中将"笔触颜色"设为无，其他选项的设置如图 2-206 所示，在舞台窗口中绘制矩形，效果如图 2-207 所示。

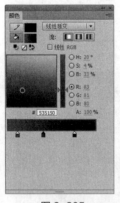

图 2-205　　　　　　　图 2-206　　　　　　　图 2-207

（3）选择"渐变变形"工具 ，在舞台窗口中单击渐变色，出现控制点和控制线，如图 2-208 所示。将鼠标放在外侧圆形的控制点上，光标变为 图标，向右下方拖曳控制点，改变渐变色的角度，如图 2-209 所示。将鼠标放在下边的箭头控制点上，光标变为 ←→ 图标，向上拖曳控制点，改变渐变色的大小，如图 2-210 所示。将鼠标放在中心控制点的上方，光标变为 ，拖曳中心点，将渐变色向下拖曳，改变渐变色的大小，效果如图 2-211 所示。

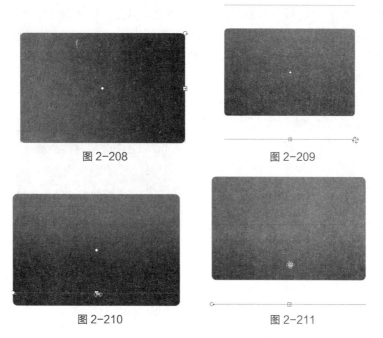

图 2-208

图 2-209

图 2-210

图 2-211

（4）选择"颜色"面板，在"类型"选项的下拉列表中选择"线性渐变"；选中色带上左侧的色块，将其设为灰色（# BFC0C0）；选中色带上右侧的色块，将其设为黑色，生成渐变色，如图 2-212 所示；选择"矩形"工具 ，在矩形工具"属性"面板中将"笔触颜色"设为无，其他选项的设置如图 2-213 所示，在舞台窗口中绘制矩形，效果如图 2-214 所示。

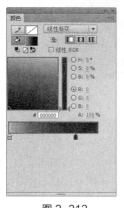

图 2-212

图 2-213

图 2-214

（5）选择"颜料桶"工具 ，在圆角矩形中从左上方向右下角拖曳渐变色，如图 2-215 所示，图形被填充，效果如图 2-216 所示。

图 2-215

图 2-216

（6）单击"时间轴"面板下方的"新建图层"按钮，创建新图层并将其命名为"播放条"。选择"线条"工具，在线条工具"属性"面板中将"笔触"选项设为3，其他选项设置如图2-217所示，按住Shift键的同时，在舞台窗口中绘制线条，用上述相同的方法为线条填充渐变色，效果如图2-218所示。

图 2-217   图 2-218

（7）在"时间轴"面板中创建新图层并将其命名为"拖动头"。选择"矩形"工具，在矩形工具"属性"面板中，将"笔触颜色"设为无，"填充颜色"设为白色，其他选项的设置如图2-219所示，在舞台窗口中绘制圆角矩形，效果如图2-220所示。

图 2-219   图 2-220

（8）选择"颜色"面板，在"类型"选项的下拉列表中选择"线性渐变"，在色带上设置4个控制点，分别选中色带上两侧的控制点，并将其设为灰色（# CCCCCC）；选中色带上中间的两个控制点，将其设为白色，生成渐变色，如图2-221所示；选择"颜料桶"工具，在圆角矩形上拖曳渐变色，图形被填充，效果如图2-222所示。

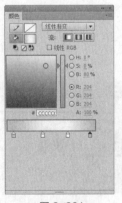

图 2-221   图 2-222

（9）单击"时间轴"面板下方的"新建图层"按钮 🔲，创建新图层并将其命名为"屏幕"。选择"矩形"工具 🔲，在矩形工具"属性"面板中将"笔触颜色"设为无，"填充颜色"设为草绿色（#80AB36），其他选项的设置如图 2-223 所示，在舞台窗口中绘制一个矩形，效果如图 2-224 所示。

图 2-223   图 2-224

（10）选择"选择"工具 ▶，选中矩形，按住 Alt+Shift 键的同时，水平向右拖曳矩形到适当的位置，复制矩形，效果如图 2-225 所示。保持选取状态，在工具箱中将"填充颜色"设为青色（#268FE0），填充图形，效果如图 2-226 所示。

图 2-225   图 2-226

（11）选择"选择"工具 ▶，按住 Shift 键的同时，单击第一个矩形，将其同时选中；按住 Alt+Shift 键的同时，水平向右拖曳图形至适当的位置，复制图形，效果如图 2-227 所示。按 Ctrl+Y 组合键，按需要复制多个图形，效果如图 2-228 所示。

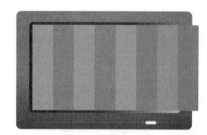

图 2-227   图 2-228

（12）选择"选择"工具 ▶，选中最后一个矩形，按 Delete 键，将其删除，如图 2-229 所示。在工具箱中分别将"填充颜色"设为洋红色（#FF7896）、灰白色（#F2F2F2）、淡黄色（#FCDE80）、淡黑色（#545456）、青色（#268FE0），从左至右依次填充图形，效果如图 2-230 所示。

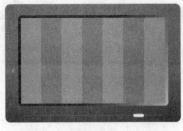

图 2-229　　　　　　　　　　　　图 2-230

（13）选择"文件 ＞ 导入 ＞ 导入到库"命令，在弹出的"导入到库"对话框中选择"Ch02 ＞素材 ＞ 绘制播放器 ＞ 01"文件，如图 2-231 所示，单击"打开"按钮，文件被导入到"库"面板中，如图 2-232 所示。

图 2-231　　　　　　　　　　　　图 2-232

（14）单击"时间轴"面板下方的"新建图层"按钮，创建新图层并将其命名为"按钮"。将"库"面板中的图形元件"01"拖曳到舞台中适当的位置，效果如图 2-233 所示。

（15）单击"时间轴"面板下方的"新建图层"按钮，创建新图层并将其命名为"三角"。选择"多角星形"工具，在多角星形"属性"面板中将"笔触颜色"设为白色，"填充颜色"设为青色（# 268FE0），"笔触"设为 2，并单击"工具设置"选项下的"选项"按钮　选项...　，弹出"工具设置"对话框，将"边数"选项设为 3，其他选项设置如图 2-234 所示，单击"确定"按钮，在按钮上方绘制 1 个三角形，效果如图 2-235 所示。

图 2-233　　　　　　　　图 2-234　　　　　　　　图 2-235

（16）选择"颜色"面板，在"类型"选项的下拉列表中选择"线性渐变"，在色带上设置 3 个控制点，分别选中色带上两侧的控制点，并将其设为白色、淡黑色（# 8D8D8E）；选中色带上中间的控制点，将其设为灰色（# CCCCCC），生成渐变色，如图 2-236 所示；选择"颜料桶"工具，在三角形中拖曳渐变色，图形被填充，效果如图 2-237 所示。

图 2-236

图 2-237

（17）单击"时间轴"面板下方的"新建图层"按钮█️，创建新图层并将其命名为"透明修饰"。选择"矩形"工具▢️，在矩形工具"属性"面板中，将"笔触颜色"设为无，"填充颜色"设为白色，其他选项的设置如图 2-238 所示，在舞台窗口中绘制一个矩形，效果如图 2-239 所示。

图 2-238

图 2-239

（18）选择"颜色"面板，在"类型"选项的下拉列表中选择"线性渐变"，选中色带上左侧的色块，将其设为黑色，在"Alpha"选项中将其不透明度设为 0；选中色带上右侧的色块，将其设为黑色，在"Alpha"选项中将其不透明度设为 40%，生成渐变色，如图 2-240 所示；选择"颜料桶"工具🪣️，在圆角矩形上拖曳渐变色，图形被填充，效果如图 2-241 所示。播放器绘制完成，按 Ctrl+Enter 组合键即可查看效果。

图 2-240

图 2-241

2.3.2　纯色编辑面板

在工具箱的下方单击"填充颜色"按钮，弹出纯色面板，如图 2-242 所示。在面板中可以选择系统设置好的颜色。如想自行设定颜色，单击面板右上方的颜色选择按钮，弹出"颜色"面板，在面板右侧的颜色选择区中选择要自定义的颜色，如图 2-243 所示。滑动面板右侧的滑动条来设定颜色的亮度，如图 2-244 所示。

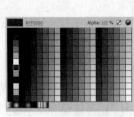

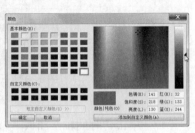

图 2-242　　　　　　　　图 2-243　　　　　　　　图 2-244

设定颜色后，可在"颜色/纯色"选项框中预览设定结果，如图 2-245 所示。单击面板右下方的"添加到自定义颜色"按钮，将定义好的颜色添加到面板左下方的"自定义颜色"区域中，如图 2-246 所示，单击"确定"按钮，自定义颜色完成。

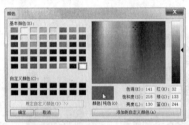

图 2-245　　　　　　　　　　　图 2-246

2.3.3　颜色面板

选择"窗口 > 颜色"命令，弹出"颜色"面板。

1．自定义纯色

选择"颜色"面板，在"颜色类型"选项的下拉列表中选择"纯色"选项，面板效果如图 2-247 所示。

"笔触颜色"按钮：可以设定矢量线条的颜色。

"填充颜色"按钮：可以设定填充色的颜色。

"黑白"按钮：单击此按钮，线条与填充色恢复为系统默认的状态。

"无色"按钮：用于取消矢量线条或填充色块。当选择"椭圆"工具或"矩形"工具时，此按钮为可用状态。

"交换颜色"按钮：单击此按钮，可以将线条颜色和填充色相互切换。

"H、S、B"和"R、G、B"选项：可以用精确数值来设定颜色。

"Alpha"选项：用于设定颜色的不透明度，数值选取范围为 0~100。

在面板下方的颜色选择区域内，可以根据需要选择相应的颜色。

2．自定义线性渐变色

选择"颜色"面板，在"颜色类型"选项的下拉列表中选择"线性渐变"选项，面板效果如图 2-248 所示。将鼠标放置在滑动色带上，光标变为，在色带上单击鼠标增加颜色控制点，并在面板下方为新增加的控制点设定颜色及透明度，如图 2-249 所示。当要删除控制点时，只需将控制点向色带下方拖曳。

3．自定义径向渐变色

选择"颜色"面板，在"颜色类型"选项的下拉列表中选择"径向渐变"选项，面板效果如图 2-250 所示。用与定义线性渐变色相同的方法在色带上定义径向渐变色，定义完成后，在面板的左下方显示出定义的渐变色，如图 2-251 所示。

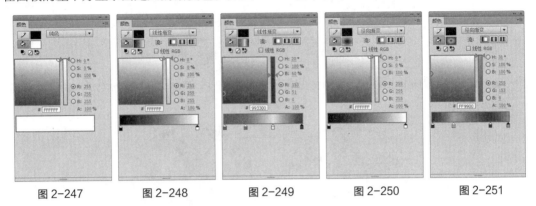

图 2-247   图 2-248   图 2-249   图 2-250   图 2-251

4．自定义位图填充

选择"颜色"面板，在"颜色类型"选项的下拉列表中选择"位图填充"选项，如图 2-252 所示。弹出"导入到库"对话框，在对话框中选择要导入的图片，如图 2-253 所示。

图 2-252   图 2-253

单击"打开"按钮，图片被导入到"颜色"面板中，如图 2-254 所示。选择"椭圆"工具 ，在场景中绘制出一个椭圆形，椭圆被刚才导入的位图所填充，如图 2-255 所示。

图 2-254   图 2-255

选择"渐变变形"工具 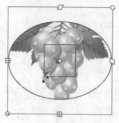，在填充位图上单击，出现控制点。向内拖曳左下方的圆形控制点，如图 2-256 所示，松开鼠标后效果如图 2-257 所示。

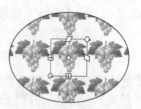

图 2-256　　　　　　　图 2-257

向上拖曳右上方的圆形控制点，改变填充位图的角度，如图 2-258 所示。松开鼠标后效果如图 2-259 所示。

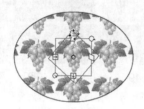
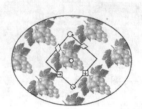

图 2-258　　　　　　　图 2-259

2.3.4　样本面板

选择"窗口 > 样本"命令，弹出"样本"面板，如图 2-260 所示。在样本面板中部的纯色样本区，系统提供了 216 种纯色。样本面板下方是渐变色样本区。单击样本面板右上方的按钮 ，弹出下拉菜单，如图 2-261 所示。

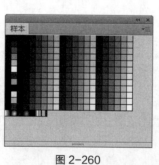

图 2-260　　　　　　　图 2-261

"直接复制样本"命令：可以将选中的颜色复制出一个新的颜色。

"删除样本"命令：可以将选中的颜色删除。

"添加颜色"命令：可以将系统中保存的颜色文件添加到面板中。

"替换颜色"命令：可以将选中的颜色替换成系统中保存的颜色文件。

"加载默认颜色"命令：可以将面板中的颜色恢复到系统默认的颜色状态中。

"保存颜色"命令：可以将编辑好的颜色保存到系统中，方便再次调用。

"保存为默认值"命令：可以将编辑好的颜色替换系统默认的颜色文件，在创建新文档时自动替换。

　　"清除颜色"命令：可以清除当前面板中的所有颜色，只保留黑色与白色。

　　"Web 216 色"命令：可以调出系统自带的符合 Internet 标准的色彩。

　　"按颜色排序"命令：可以将色标按色相进行排列。

　　"帮助"命令：选择此命令，将弹出帮助文件。

2.4　课堂练习——绘制冬天夜景

　　【练习知识要点】使用椭圆工具、多角星形工具和铅笔工具绘制背景，使用椭圆工具绘制雪人形体，使用钢笔工具和笔刷工具绘制树枝和积雪。

　　【素材所在位置】光盘/Ch02/素材/绘制冬天夜景/01~03。

　　【效果所在位置】光盘/Ch02/效果/绘制冬天夜景.fla，如图 2-262 所示。

图 2-262

2.5　课后习题——绘制花店标志

　　【习题知识要点】使用套索工具删除笔画，使用钢笔工具和线条工具绘制螺旋和直线效果，使用椭圆工具和变形面板制作花朵。

　　【素材所在位置】光盘/Ch02/素材/绘制花店标志/01。

　　【效果所在位置】光盘/Ch02/效果/绘制花店标志.fla，如图 2-263 所示。

图 2-263

PART 3

第3章
对象的编辑与修饰

本章介绍

　　使用工具栏中的工具创建的向量图形相对来说比较单调，如果能结合修改菜单命令修改图形，就可以改变原图形的形状、线条等，并且可以将多个图形组合起来，达到所需要的图形效果。本章将详细介绍 Flash CS6 编辑、修饰对象的功能。通过对本章的学习，读者可以掌握编辑和修饰对象的各种方法和技巧，并能根据具体操作特点，灵活地应用编辑和修饰功能。

学习目标

- 掌握对象的变形方法和技巧。
- 掌握对象的修饰方法。
- 熟练运用对齐面板与变形面板编辑对象。

技能目标

- 掌握"度假卡"的绘制方法和技巧。
- 掌握"乡村风景"的绘制方法和技巧。
- 掌握"数字按钮"的制作方法和技巧。
- 掌握编辑和修饰对象的方法。

3.1 对象的变形与操作

应用变形命令可以对选择的对象进行变形修改，如扭曲、缩放、倾斜、旋转和封套等，还可以根据需要对对象进行组合、分离、叠放、对齐等一系列操作，从而达到制作的要求。

命令介绍

缩放对象：可以对对象进行放大或缩小的操作。

旋转与倾斜对象：可以对对象进行旋转或倾斜的操作。

翻转对象：可以对对象进行水平或垂直翻转。

组合对象：制作复杂图形时，可以将多个图形组合成一个整体，以便选择和修改。另外，制作位移动画时，需用"组合"命令将图形转变成组件。

3.1.1 课堂案例——绘制度假卡

【案例学习目标】使用不同的变形命令编辑图形。

【案例知识要点】使用矩形工具、套索工具、钢笔工具绘制山水图形，使用钢笔工具、水平翻转命令制作椰子树图形，使用直接复制命令复制多个图形，效果如图 3-1 所示。

【效果所在位置】光盘/Ch03/效果/绘制度假卡.fla。

图 3-1

1. 绘制水和山

（1）选择"文件 > 新建"命令，在弹出的"新建文档"对话框中选择"ActionScript 3.0"选项，单击"确定"按钮，进入新建文档舞台窗口。按 Ctrl+F3 组合键，弹出文档"属性"面板，单击面板中的"编辑文档属性"按钮 🔧，弹出"文档设置"对话框，将"宽度"选项设为 324，"高度"选项设为 143，将"背景"颜色设为土黄色（#F5C738），单击"确定"按钮，改变舞台窗口的大小和颜色。

（2）将"图层 1"重命名为"水"，如图 3-2 所示。选择"矩形"工具 ▢，在矩形工具"属性"面板中将"笔触颜色"设为无，"填充颜色"设为青色（# 28B6EB），在舞台窗口中绘制一个矩形，效果如图 3-3 所示。

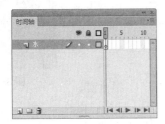

图 3-2

图 3-3

（3）选择"套索"工具 �’，在工具箱下方单击"多边形模式"按钮 🖾，在舞台窗口中选择需要的区域，如图 3-4 所示；在工具箱中将"填充颜色"设为海蓝色（#2C84C7），填充图形，效果如图 3-5 所示。

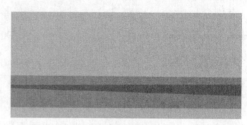

图 3-4 　　　　　　　　　　　　　　　　图 3-5

（4）用相同方法制作图 3-6 所示的效果。在"时间轴"面板中创建新图层并将其命名为"山"。选择"钢笔"工具 🖋，绘制一个闭合路径，如图 3-7 所示。

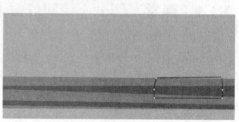

图 3-6 　　　　　　　　　　　　　　　　图 3-7

（5）选择"颜料桶"工具 🖌，在工具箱中将"填充颜色"设为橘黄色（# EE771D），在边线内部单击鼠标，填充图形，如图 3-8 所示。选择"选择"工具 ▶，在边线上双击鼠标选中边线，按 Delete 键，将其删除，效果如图 3-9 所示。使用相同的方法绘制其他图形并填充适当的颜色，效果如图 3-10 所示。

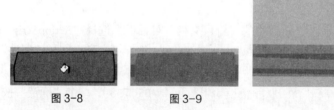

图 3-8 　　　　图 3-9 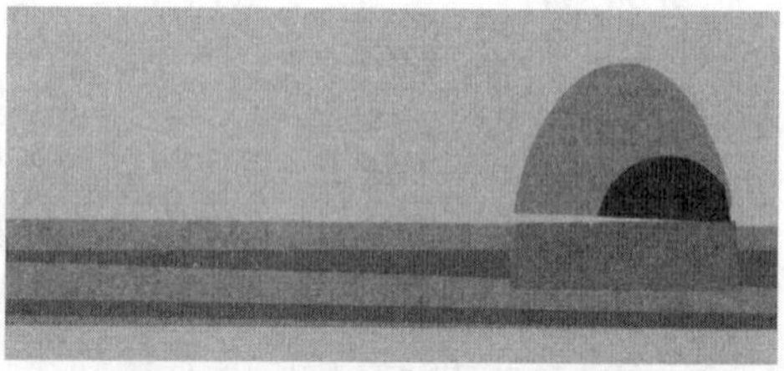 　　　　　　　　图 3-10

2．绘制椰子树和其他图形

（1）在"时间轴"面板下中创建新图层并将其命名为"椰子树"。选择"钢笔"工具 🖋，绘制一个闭合路径，如图 3-11 所示。

（2）选择"颜料桶"工具 🖌，在工具箱中将"填充颜色"设为海蓝色（# 133673），在边线内部单击鼠标，填充图形，如图 3-12 所示。选择"选择"工具 ▶，在边线上双击鼠标选中边线，按 Delete 键，将其删除，效果如图 3-13 所示。

图 3-11

（3）选择"选择"工具 ▶，选中椰子树图形，按 Ctrl+C 组合键，复制图形，按 Ctrl+Shift+V 组合键，将图形粘贴到当前位置，选择"修改 ＞ 变形 ＞ 水平翻转"命令，将椰子树图形水平翻转，如图 3-14 所示。保持图形选取状态，按住 Alt+Shift 键的同时，水平向右拖曳图形到适当的位置，效果如图 3-15 所示。

图 3-12   图 3-13   图 3-14   图 3-15

（4）单击"时间轴"面板下方的"新建图层"按钮，创建新图层并将其命名为"波浪"。选择"钢笔"工具，绘制一个闭合路径，如图 3-16 所示。

（5）选择"颜料桶"工具，在工具箱中将"填充颜色"设为白色，在边线内部单击鼠标，填充图形。选择"选择"工具，在边线上双击鼠标选中边线，按 Delete 键，将其删除，效果如图 3-17 所示。

（6）选择"选择"工具，选中图形，按 Ctrl+C 组合键，复制图形，按 Ctrl+Shift+V 组合键，将图形粘贴到当前位置，选择"任意变形"工具，按住 Alt+Shift 组合键的同时，用鼠标拖动右上方的控制点，等比例缩小图形，并拖曳到适当的位置，效果如图 3-18 所示。

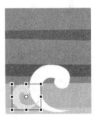

图 3-16   图 3-17   图 3-18

（7）选择"选择"工具，按住 Shift 键，单击第一个图形并将其同时选中，按 Ctrl+G 组合键，将选中的图形进行组合，如图 3-19 所示。按住 Alt+Shift 键的同时，水平向右拖曳图形到适当的位置，复制图形，如图 3-20 所示。按 Ctrl+Y 组合键，按需要复制多个图形，效果如图 3-21 所示。

图 3-19   图 3-20   图 3-21

3．输入文字并导入素材图形

（1）单击"时间轴"面板下方的"新建图层"按钮，创建新图层并将其命名为"文字"。选择"文本"工具，在文本工具"属性"面板中进行设置，在舞台窗口中适当的位置输入大小为 15.4 点、样式为"Regular"、字体为"Arial"的海蓝色（#133673）文字，效果如图 3-22 所示。然后在舞台窗口中输入大小为 18.6 点、样式为"Black"、字体为"Arial"的海蓝色（#133673）文字，效果如图 3-23 所示。

图 3-22

图 3-23

（2）单击"时间轴"面板下方的"新建图层"按钮 ，创建新图层并将其命名为"海豚"。选择"文件 > 导入 > 导入到舞台"命令，在弹出的"导入"对话框中选择"Ch03 >素材 > 绘制度假卡 > 01"文件，单击"打开"按钮，文件被导入到"舞台"面板中，并将其拖曳到适当的位置，效果如图 3-24 所示。度假卡绘制完成，按 Ctrl+Enter 组合键即可查看效果。

图 3-24

3.1.2　扭曲对象

选择"修改 > 变形 > 扭曲"命令，在当前选择的图形上出现控制点，如图 3-25 所示。光标变为 ，拖曳右上方控制点，如图 3-26 所示，拖曳四角的控制点可以改变图形顶点的形状，效果如图 3-27 所示。

图 3-25

图 3-26

图 3-27

3.1.3　封套对象

选择"修改 > 变形 > 封套"命令，在当前选择的图形上出现控制点，如图 3-28 所示。光标变为 ，用鼠标拖曳控制点，如图 3-29 所示，使图形产生相应的弯曲变化，效果如图 3-30 所示。

图 3-28

图 3-29

图 3-30

3.1.4　缩放对象

选择"修改 > 变形 > 缩放"命令，在当前选择的图形上出现控制点，如图 3-31 所示。光标变为 ，按住鼠标不放，向左下方拖曳控制点，如图 3-32 所示。用鼠标拖曳控制点可成比例地改变图形的大小，效果如图 3-33 所示。

图 3-31　　　　　　　　图 3-32　　　　　　　　图 3-33

3.1.5　旋转与倾斜对象

选择"修改 > 变形 > 旋转与倾斜"命令，在当前选择的图形上出现控制点，如图 3-34 所示。用鼠标拖曳中间的控制点倾斜图形，光标变为 ⇔，按住鼠标不放，向右水平拖曳控制点，如图 3-35 所示，松开鼠标，图形变为倾斜，如图 3-36 所示。

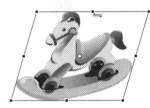

图 3-34　　　　　　　　图 3-35　　　　　　　　图 3-36

将光标放在右上角的控制点上时，光标变为 ↻，如图 3-37 所示。拖曳控制点旋转图形，如图 3-38 所示，旋转完成后效果如图 3-39 所示。

图 3-37　　　　　　　　图 3-38　　　　　　　　图 3-39

选择"修改 > 变形"中的"顺时针旋转 90°""逆时针旋转 90°"命令，可以将图形按照规定的度数进行旋转，效果如图 3-40 图 3-41 所示。

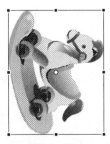
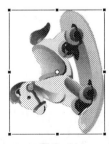

图 3-40　　　　　　　　图 3-41

3.1.6 翻转对象

选择"修改 > 变形"中的"垂直翻转"、"水平翻转"命令，可以将图形进行翻转，效果如图 3-42、图 3-43 所示。

图 3-42　　　　　　　　　图 3-43

3.1.7 组合对象

选中多个图形，如图 3-44 所示。选择"修改 > 组合"命令，或按 Ctrl+G 组合键，将选中的图形进行组合，如图 3-45 所示。

图 3-44　　　　　　　　　图 3-45

3.1.8 分离对象

要修改多个图形的组合，以及图像、文字或组件的一部分时，可以使用"修改 > 分离"命令。另外，制作变形动画时，需用"分离"命令将图形的组合、图像、文字或组件转变成图形。

选中图形组合，如图 3-46 所示。选择"修改 > 分离"命令，或按 Ctrl+B 组合键，将组合的图形打散，多次使用"分离"命令的效果如图 3-47 所示。

图 3-46　　　　　　　　　　　　图 3-47

3.1.9 叠放对象

制作复杂图形时，多个图形的叠放次序不同，会产生不同的效果，可以通过"修改 > 排列"中的命令实现不同的叠放效果。

如果要将图形移动到所有图形的顶层，选中要移动的托盘图形，如图 3-48 所示，选择"修改 > 排列 > 移至顶层"命令，将选中的托盘图形移动到所有图形的顶层，效果如图 3-49 所示。

知识提示　　　　叠放对象只能是图形的组合或组件。

图 3-48　　　　　　　　图 3-49

3.1.10　对齐对象

当选择多个图形、图像的组合、组件时，可以通过"修改 > 对齐"中的命令调整它们的相对位置。

如果要将多个图形的底部对齐，选中多个图形，如图 3-50 所示。选择"修改 > 对齐 > 底对齐"命令，将所有图形的底部对齐，效果如图 3-51 所示。

图 3-50　　　　　　　　　　　图 3-51

3.2　对象的修饰

在制作动画的过程中，可以应用 Flash CS6 自带的一些命令，对曲线进行优化，将线条转换为填充，对填充色进行修改或对填充边缘进行柔化处理。

命令介绍

优化曲线：可以将线条优化得较为平滑。

将线条转换为填充：可以将矢量线条转换为填充色块。

柔化填充边缘：可以将图形的边缘制作成柔化效果。

3.2.1　课堂案例——绘制乡村风景

【案例学习目标】使用不同的绘图工具绘制图形，使用形状命令编辑图形。

【案例知识要点】使用柔化填充边缘命令制作太阳效果，使用钢笔工具绘制白云形状，使用变形面板改变图形的大小，效果如图 3-52 所示。

【效果所在位置】光盘/Ch03/效果/绘制乡村风景.fla。

图 3-52

1．绘制天空

（1）选择"文件 > 新建"命令，在弹出的"新建文档"对话框中选择"ActionScript 3.0"选项，单击"确定"按钮，进入新建文档舞台窗口。按 Ctrl+F3 组合键，弹出文档"属性"面板，单击面板中的"编辑文档属性"按钮，弹出"文档设置"对话框，将"宽度"选项设为 586，"高度"选项设为 488，单击"确定"按钮，改变舞台窗口的大小。

（2）将"图层1"重新命名为"底图"，如图3-53所示。选择"矩形"工具▣，在工具箱中将"笔触颜色"设为无，"填充颜色"设为青色（#0099FF），在舞台窗口中绘制1个矩形。选择"选择"工具▶，选中矩形，在形状"属性"面板中将"宽"选项设为586，"高"选项设为488。选择"窗口 > 对齐"命令，弹出"对齐"面板，在"对齐"面板中勾选"与舞台对齐"复选框，分别单击"垂直居中"按钮▯、"水平居中"按钮▯，效果如图3-54所示。

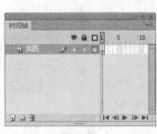

图 3-53

图 3-54

（3）选择"窗口 > 颜色"命令，弹出"颜色"面板，在"类型"选项的下拉列表中选择"线性渐变"，在色带上设置3个控制点，分别选中色带上两侧的控制点，并将其设为黄色（#FFF797）、蓝色（#005BAC），选中色带上中间的控制点，将其设为青色（#00B0D7），生成渐变色，如图3-55所示；选择"颜料桶"工具▣，按住Shift键的同时在青色矩形上从上至下拖曳渐变色，如图3-56所示；松开鼠标，渐变色被填充，效果如图3-57所示。

图 3-55

图 3-56

图 3-57

（4）选择"渐变变形"工具▣，在舞台窗口中单击渐变色，出现控制点和控制线，如图3-58所示。将鼠标放在中心控制点的上方，光标变为✛，拖曳中心点，将渐变色向上拖曳，改变渐变色的大小，效果如图3-59所示。

图 3-58

图 3-59

2．导入素材并绘制白云与太阳

（1）单击"时间轴"面板下方的"新建图层"按钮 ，创建新图层并将其命名为"装饰"。选择"文件 > 导入 > 导入到库"命令，在弹出的"导入到库"对话框中选择"Ch03 > 素材 > 绘制乡村风景 > 01"文件，单击"打开"按钮，图形被导入到"库"面板中，效果如图 3-60 所示。将"库"面板中的图形元件"01"拖曳到舞台窗口中适当的位置，效果如图 3-61 所示。

（2）单击"时间轴"面板下方的"新建图层"按钮 ，创建新图层并将其命名为"太阳"。选择"椭圆"工具 ，在工具箱中将"笔触颜色"设为无，"填充颜色"设为黄色（#F5E528），按住 Shift 键的同时，在适当的位置绘制 1 个圆形，效果如图 3-62 所示。

图 3-60　　　　　　　　　　图 3-61　　　　　　　　　　图 3-62

（3）选择"选择"工具 ，选中圆形，选择"修改 > 形状 > 柔化填充边缘"命令，弹出"柔化填充边缘"对话框，在对话框中进行设置，如图 3-63 所示，单击"确定"按钮，太阳效果如图 3-64 所示。

（4）单击"时间轴"面板下方的"新建图层"按钮 ，创建新图层并将其命名为"白云"。选择"钢笔"工具 ，绘制一个闭合路径，如图 3-65 所示。

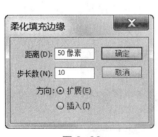

图 3-63　　　　　　　　　　图 3-64　　　　　　　　　　图 3-65

（5）选择"颜色"面板，在"类型"选项的下拉列表中选择"线性渐变"，选中色带上左侧的色块，将其设为灰色（#FFFDE7）；选中色带上右侧的色块，将其设为青色（#00A1E9），生成渐变色，如图 3-66 所示；选择"颜料桶"工具 ，在白云图形中拖曳渐变色，渐变色被填充，效果如图 3-67 所示。

（6）选择"选择"工具 ，双击白云边线，将其选中，按 Delete 键，将其删除，效果如图 3-68 所示。

图 3-66   图 3-67   图 3-68

（7）选中"白云"图形，按住 Alt+Shift 组合键的同时拖曳到适当的位置，复制图形，效果如图 3-69 所示。选择"窗口 > 变形"命令，弹出"变形"面板，在"变形"面板中将"缩放宽度"选项设为 70%，"缩放高度"选项也随之变为 70%，如图 3-70 所示，按 Enter 键，确定操作，效果如图 3-71 所示。

图 3-69   图 3-70   图 3-71

（8）用相同的方法再复制几朵白云图形，拖曳到适当的位置并调整其大小，效果如图 3-72 所示。乡村风景绘制完成，按 Ctrl+Enter 组合键即可查看，效果如图 3-73 所示。

图 3-72   图 3-73

3.2.2 优化曲线

选中要优化的线条，如图 3-74 所示。选择"修改 > 形状 > 优化"命令，弹出"优化曲线"对话框，进行设置后，如图 3-75 所示；单击"确定"按钮，弹出提示对话框，如图 3-76 所示；单击"确定"按钮，线条被优化，如图 3-77 所示。

图 3-74 　　　　　　图 3-75 　　　　　　　　图 3-76 　　　　　　图 3-77

3.2.3　将线条转换为填充

打开 03 文件，如图 3-78 所示，选择"墨水瓶"工具，为图形绘制外边线，效果如图 3-79 所示。

双击图形的外边线将其选中，选择"修改 > 形状 > 将线条转换为填充"命令，将外边线转换为填充色块，如图 3-80 所示。这时，可以选择"颜料桶"工具，为填充色块设置其他颜色，如图 3-81 所示。

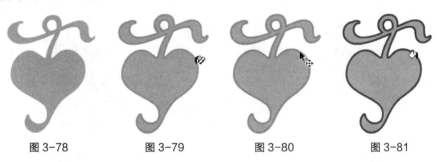

图 3-78 　　　　　图 3-79 　　　　　图 3-80 　　　　　图 3-81

3.2.4　扩展填充

应用扩展填充命令可以将填充颜色向外扩展或向内收缩，扩展或收缩的数值可以自定义设置。

1．扩展填充色

选中图形的填充颜色，如图 3-82 所示。选择"修改 > 形状 > 扩展填充"命令，弹出"扩展填充"对话框，在"距离"选项的数值框中输入 4 像素（取值范围为 0.05 ～ 144），单击"扩展"单选项，如图 3-83 所示。单击"确定"按钮，填充色向外扩展，效果如图 3-84 所示。

图 3-82 　　　　　　图 3-83 　　　　　　图 3-84

2．收缩填充色

选中图形的填充颜色，选择"修改 > 形状 > 扩展填充"命令，弹出"扩展填充"对话框，在"距离"选项的数值框中输入 4 像素（取值范围为 0.05 ～ 144），单击"插入"单选项，如图 3-85 所示，单击"确定"按钮，填充色向内收缩，效果如图 3-86 所示。

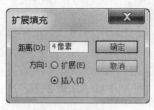

图 3-85　　　　　　　　　　　　　　图 3-86

3.2.5　柔化填充边缘

1. 向外柔化填充边缘

选中图形，如图 3-87 所示，选择"修改 > 形状 > 柔化填充边缘"命令，弹出"柔化填充边缘"对话框，在"距离"选项的数值框中输入 50 像素，在"步长数"选项的数值框中输入 5，点选"扩展"选项，如图 3-88 所示；单击"确定"按钮，效果如图 3-89 所示。

图 3-87　　　　　　　　图 3-88　　　　　　　　图 3-89

在"柔化填充边缘"对话框中设置不同的数值，所产生的效果也各不相同。

选中图形，选择"修改 > 形状 > 柔化填充边缘"命令，弹出"柔化填充边缘"对话框，在"距离"选项的数值框中输入 30 像素，在"步长数"选项的数值框中输入 20，点选"扩展"选项，如图 3-90 所示；单击"确定"按钮，效果如图 3-91 所示。

图 3-90　　　　　　　　　　　图 3-91

2. 向内柔化填充边缘

选中图形，如图 3-92 所示，选择"修改 > 形状 > 柔化填充边缘"命令，弹出"柔化填充边缘"对话框，在"距离"选项的数值框中输入 30 像素，在"步长数"选项的数值框中输入 5，点选"插入"选项，如图 3-93 所示；单击"确定"按钮，效果如图 3-94 所示。

图 3-92　　　　　　　　图 3-93　　　　　　　　图 3-94

选中图形，选择"修改 > 形状 > 柔化填充边缘"命令，弹出"柔化填充边缘"对话框，在"距离"选项的数值框中输入 20，在"步长数"选项的数值框中输入 5，点选"插入"选项，如图 3-95 所示；单击"确定"按钮，效果如图 3-96 所示。

图 3-95

图 3-96

3.3　对齐面板与变形面板的使用

可以应用对齐面板来设置多个对象之间的对齐方式，还可以应用变形面板来改变对象的大小以及倾斜度。

命令介绍

对齐面板：可以将多个图形按照一定的规律进行排列。能够快速地调整图形之间的相对位置、平分间距、对齐方向。

变形面板：可以将图形、组、文本以及实例进行变形。

3.3.1　课堂案例——制作数字按钮

【案例学习目标】使用不同的浮动面板编辑图形。

【案例知识要点】使用矩形工具绘制花瓣元件，使用颜色面板、变形面板、对齐面板来完成按钮的制作，如图 3-97 所示。

【效果所在位置】光盘/Ch03/效果/制作数字按钮.fla。

图 3-97

1．制作按钮元件

（1）选择"文件 > 新建"命令，在弹出的"新建文档"对话框中选择"ActionScript 3.0"选项，单击"确定"按钮，进入新建文档舞台窗口。按 Ctrl+F3 组合键，弹出文档"属性"面板，单击面板中的"编辑文档属性"按钮，弹出"文档设置"对话框，将"宽度"选项设为 650，"高度"选项设为 200，单击"确定"按钮，改变舞台窗口的大小。

（2）按 Ctrl+F8 组合键，弹出"创建新元件"对话框，在"名称"选项的文本框中输入"按钮图形"，在"类型"选项中选择"图形"选项，单击"确定"按钮，新建一个图形元件"按钮图形"，如图 3-98 所示，舞台窗口也随之转换为图形元件的舞台窗口。

（3）选择"椭圆"工具，在工具箱中将"笔触颜色"设为无，"填充颜色"设为深红色（#990000），按住 Shift 键的同时，在舞台窗口中绘制圆形。选中圆形，在形状"属性"面板中将"宽"、"高"选项分别设置为 20，取消对图形的选择，效果如图 3-99 所示。

（4）再次选中图形，按 Ctrl+T 组合键，弹出"变形"面板，单击"约束"选项，将"宽度"选项设为 65，"高度"选项也随之转换为 65，单击"重置选区和变形"按钮，如图 3-100 所示，新复制出一个圆形，如图 3-101 所示；在工具箱中将"填充颜色"设为白色，新复制出的图形转换为白色，取消对图形的选择，效果如图 3-102 所示。

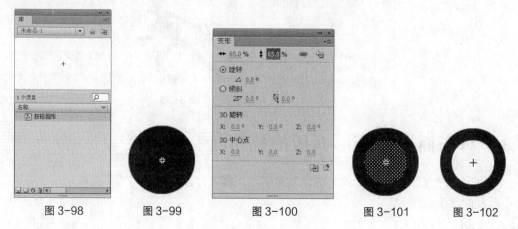

图 3-98   图 3-99   图 3-100   图 3-101   图 3-102

（5）选择"窗口 > 颜色"命令，弹出"颜色"面板，在"填充样式"选项的下拉列表中选择"径向填充"，选中色带上左侧的色块，将其设为白色；选中色带上右侧的色块，将其设为粉色（#FD9D99），如图 3-103 所示。

（6）选择"颜料桶"工具，让工具箱下方的"锁定填充"按钮，呈未被选中状态。在白色圆形上单击鼠标填充渐变色，效果如图 3-104 所示。在文档"属性"面板中将背景颜色设为灰色（此处更换背景颜色是为了下面操作时可以看清白色的图形）。选择"椭圆"工具，在工具箱中将"笔触颜色"设为黑色，"填充颜色"设为白色，在椭圆工具"属性"面板中将"笔触高度"选项设为 1，按住 Shift 键的同时，在舞台窗口中绘制出一个圆形。

（7）选择"线条"工具，在圆形中间绘制一条斜线。选择"选择"工具，将鼠标放置在斜线的下方，鼠标光标出现圆弧，将斜线向上拖曳，斜线转换为弧线，效果如图 3-105 所示。

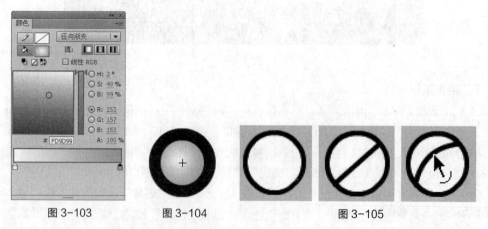

图 3-103   图 3-104   图 3-105

（8）选中弧线上方的白色图形，如图 3-106 所示，将图形移动到圆形边线的外面，按 Ctrl+G 组合键，对其进行组合，效果如图 3-107 所示。将白色图形移动到渐变图形的上方，选择"任意变形"工具，在白色图形上出现控制点，向内拖曳控制点来缩小白色图形，效果如图 3-108 所示，删除剩余的黑色边线，效果如图 3-109 所示。

图 3-106   图 3-107   图 3-108   图 3-109

2. 制作花瓣元件

（1）单击"库"面板下方的"新建元件"按钮，弹出"创建新元件"对话框，在"名称"选项的文本框中输入"花瓣"，在"类型"选项的下拉列表中选择"图形"选项，单击"确定"按钮，新建一个图形元件"花瓣"，如图 3-110 所示，舞台窗口也随之转换为图形元件的舞台窗口。选择"矩形"工具，在工具箱中将"笔触颜色"设为深红色（#990000），"填充颜色"设为粉色（#FFCCCC），在"属性"面板中将"矩形边角半径"选项设为 50，如图 3-111 所示，在舞台窗口中心位置绘制圆角矩形，效果如图 3-112 所示。

图 3-110   图 3-111   图 3-112

（2）双击"库"面板中的"按钮图形"元件的图标，舞台窗口转换到"按钮图形"元件的舞台窗口。单击"时间轴"面板下方的"新建图层"按钮，将"库"面板中的图形元件"花瓣"拖曳到按钮上，如图 3-113 所示。选择"任意变形"工具，图形上出现控制点，将中心控制点拖曳到控制框下方中间的控制点上，如图 3-114 所示。

图 3-113   图 3-114

（3）选择"变形"面板，将"旋转"选项设为 30，单击"重制选区和变形"按钮，如图 3-115 所示，花瓣图形被复制。多次单击"重制选区和变形"按钮，复制出多个花瓣图形，效果如图 3-116 所示。在"时间轴"面板中将"图层 2"拖曳到"图层 1"的下方，如图 3-117 所示，按钮图形效果如图 3-118 所示。

| 图 3-115 | 图 3-116 | 图 3-117 | 图 3-118 |

3. 编辑元件

（1）单击舞台窗口左上方的"场景 1"图标 ⬛ 场景1，进入"场景 1"的舞台窗口。选择"文件 > 导入 > 导入到舞台"命令，在弹出的"导入"对话框中选择"Ch03 > 素材 > 制作数字按钮 > 01"文件，单击"打开"按钮，图形被导入到舞台窗口中，将其拖曳到中心位置，效果如图 3-119 所示。将"库"面板中的图形元件"按钮图形"拖曳到舞台窗口中，成为实例，复制 6 次按钮实例并将其水平放置，效果如图 3-120 所示。

| 图 3-119 | 图 3-120 |

（2）选中舞台窗口中的所有按钮，按 Ctrl+K 组合键，弹出"对齐"面板，单击"顶对齐"按钮 ⬛，如图 3-121 所示，对所有按钮的顶部进行对齐，效果如图 3-122 所示。

| 图 3-121 | 图 3-122 |

（3）单击"水平居中分布"按钮 ⬛，如图 3-123 所示，对按钮进行间距相等的排列，效果如图 3-124 所示。

| 图 3-123 | 图 3-124 |

（4）选择"文本"工具，在文字"属性"面板中进行设置，在舞台窗口中输入大小为18，字体为"Swis721 BlkCn BT"的白色字母"One、 Two、 Three、 Four、 Five、 Six 、Seven"，效果如图 3-125 所示。数字按钮制作完成，按 Ctrl+Enter 组合键即可查看效果。

图 3-125

3.3.2 对齐面板

选择"窗口 > 对齐"命令，弹出"对齐"面板，如图 3-126 所示。

1．"对齐"选项组

"左对齐"按钮：设置选取对象左端对齐。

"水平中齐"按钮：设置选取对象沿垂直线中对齐。

"右对齐"按钮：设置选取对象右端对齐。

"顶对齐"按钮：设置选取对象上端对齐。

"垂直中齐"按钮：设置选取对象沿水平线中对齐。

"底对齐"按钮：设置选取对象下端对齐。

图 3-126

2．"分布"选项组

"顶部分布"按钮：设置选取对象在横向上上端间距相等。

"垂直居中分布"按钮：设置选取对象在横向上中心间距相等。

"底部分布"按钮：设置选取对象在横向上、下端间距相等。

"左侧分布"按钮：设置选取对象在纵向上左端间距相等。

"水平居中分布"按钮：设置选取对象在纵向上中心间距相等。

"右侧分布"按钮：设置选取对象在纵向上右端间距相等。

3．"匹配大小"选项组

"匹配宽度"按钮：设置选取对象在水平方向上等尺寸变形（以所选对象中宽度最大的为基准）。

"匹配高度"按钮：设置选取对象在垂直方向上等尺寸变形（以所选对象中高度最大的为基准）。

"匹配宽和高"按钮：设置选取对象在水平方向和垂直方向同时进行等尺寸变形（同时以所选对象中宽度和高度最大的为基准）。

4．"间隔"选项组

"垂直平均间隔"按钮：设置选取对象在纵向上间距相等。

"水平平均间隔"按钮：设置选取对象在横向上间距相等。

5．"与舞台对齐"选项

"与舞台对齐"复选框：勾选此选项后，上述所有的设置操作都是以整个舞台的宽度或高度为基准的。

打开 05 文件，选中要对齐的图形，如图 3-127 所示。单击"顶对齐"按钮，图形上端对齐，如图 3-128 所示。

图 3-127　　　　　　　　　　　　　　图 3-128

选中要分布的图形，如图 3-129 所示。单击"水平居中分布"按钮 ，图形在纵向上中心间距相等，如图 3-130 所示。

图 3-129　　　　　　　　　　　　　　图 3-130

选中要匹配大小的图形，如图 3-131 所示。单击"匹配高度"按钮 ，图形在垂直方向上等尺寸变形，如图 3-132 所示。

图 3-131　　　　　　　　　　　　　　图 3-132

勾选"与舞台对齐"复选框前后，应用同一个命令所产生的效果不同。选中图形，如图 3-133 所示。单击"左侧分布"按钮 ，效果如图 3-134 所示。勾选"与舞台对齐"复选框，单击"左侧分布"按钮 ，效果如图 3-135 所示。

图 3-133　　　　　　　图 3-134　　　　　　　图 3-135

3.3.3　变形面板

选择"窗口 > 变形"命令，弹出"变形"面板，如图 3-136 所示。

"宽度" 100.0% 和"高度" 100.0% 选项：用于设置图形的宽度和高度。

"约束" 选项：用于约束"宽度"和"高度"选项，使图形能够成比例地变形。

"旋转"选项：用于设置图形的角度。

"倾斜"选项：用于设置图形的水平倾斜或垂直倾斜。

"重置选区和变形"按钮 ：用于复制图形并将变形设置应用于图形。

"取消变形"按钮![icon]：用于将图形属性恢复到初始状态。

"变形"面板中的设置不同，所产生的效果也各不相同。导入 06 素材，如图 3-137 所示。选中图片，在"变形"面板中将"宽度"选项设为 50，按 Enter 键确定操作，如图 3-138 所示，图形的宽度被改变，效果如图 3-139 所示。

图 3-136

图 3-137

图 3-138

图 3-139

选中图形，在"变形"面板中单击"约束"按钮![icon]，将"缩放宽度"选项设为 50，"缩放高度"选项也随之变为 50，按 Enter 键确定操作，如图 3-140 所示，图形的宽度和高度成比例地缩小，效果如图 3-141 所示。

选中图形，在"变形"面板中单击"约束"按钮![icon]，将旋转角度设为 50，按 Enter 键确定操作，如图 3-142 所示，图形被旋转，效果如图 3-143 所示。

图 3-140

图 3-141

图 3-142

图 3-143

选中图形，在"变形"面板中点选"倾斜"单选项，将水平倾斜设为 40，按 Enter 键确定操作，如图 3-144 所示，图形发生水平倾斜变形，效果如图 3-145 所示。

图 3-144

图 3-145

选中图形，在"变形"面板中点选"倾斜"单选项，将垂直倾斜设为-20，按 Enter 键确定操作，如图 3-146 所示，图形发生垂直倾斜变形，效果如图 3-147 所示。

图 3-146　　　　　　　　图 3-147

选中图形，在"变形"面板中，将旋转角度设为 60，单击"重置选区和变形"按钮⬚，如图 3-148 所示，图形被复制并沿其中心点旋转了 60°，效果如图 3-149 所示。

再次单击"重置选区和变形"按钮⬚，图形再次被复制并旋转了 60°，如图 3-150 所示。此时，面板中显示旋转角度为 180°，表示复制出的图形当前角度为 180°，如图 3-151 所示。

图 3-148　　　　图 3-149　　　　图 3-150　　　　图 3-151

3.4　课堂练习——绘制彩虹插画

【练习知识要点】使用钢笔工具和变形面板制作发光图形，使用钢笔工具和颜色面板绘制山坡图形，使用椭圆工具、柔化填充边缘制作太阳图形，使用导入命令将图形导入到舞台窗口中。

【素材所在位置】光盘/Ch03/素材/绘制彩虹插画/01~03。

【效果所在位置】光盘/Ch03/效果/绘制彩虹插画.fla，如图 3-152 所示。

图 3-152

3.5　课后习题——绘制老式相机

【习题知识要点】使用矩形工具、椭圆工具、缩放命令和颜色面板制作机身，使用矩形工具、扭曲命令制作相机底座。

【素材所在位置】光盘/Ch03/素材/绘制老式相机/01。

【效果所在位置】光盘/Ch03/效果/绘制老式相机.fla，如图 3-153 所示。

图 3-153

PART 4

第 4 章
文本的编辑

本章介绍

　　Flash CS6 具有强大的文本输入、编辑和处理功能。本章将详细讲解文本的编辑方法和应用技巧。读者通过学习要了解并掌握文本的功能及特点，并能在设计制作任务中充分地利用好文本的效果。

学习目标

- 熟练掌握文本的创建和编辑方法。
- 了解文本的类型及属性设置。
- 熟练运用文本的转换来编辑文本。

技能目标

- 掌握"心情日记"的制作方法和技巧。
- 掌握"水果标志"的绘制方法和技巧。
- 熟练掌握文字的变形和填充效果。

4.1 文本的类型及使用

建立动画时，常需要利用文字更清楚地表达创作者的意图，而建立和编辑文字必须利用 Flash CS6 提供的文本工具才能实现。从 Flash CS6 开始，添加了新文本引擎——文本布局框架（TLF），可以向 FLA 文件添加文本。TLF 可以支持更多丰富的文本布局功能和对文本属性的精细控制。TLF 文本可加强对文本的控制。

命令介绍

文本属性：Flash CS6 为用户提供了集合多种文字调整选项的属性面板，包括字体属性（字体系列、字体大小、样式、颜色、字符间距、自动字距微调和字符位置）和段落属性（对齐、边距、缩进和行距）。

4.1.1 课堂案例——制作心情日记

【案例学习目标】使用属性面板设置文字的属性。

【案例知识要点】使用文字工具输入需要的文字，使用属性面板设置文字的字体、大小、颜色、行距和字符属性，如图 4-1 所示。

图 4-1

【效果所在位置】光盘/Ch04/效果/制作心情日记.fla。

（1）选择"文件 > 新建"命令，在弹出的"新建文档"对话框中选择"ActionScript 3.0"选项，单击"确定"按钮，进入新建文档舞台窗口。按 Ctrl+F3 组合键，弹出文档"属性"面板，单击面板中的"编辑文档属性"按钮🔧，弹出"文档设置"对话框，将"宽度"选项设为 381，"高度"选项设为 340，将"背景颜色"选项设为白色，单击"确定"按钮，改变舞台窗口的大小和颜色。

（2）选择"文件 > 导入 > 导入到舞台"命令，在弹出的"导入到舞台"对话框中选择"Ch04 > 素材 > 制作心情日记 > 01"文件，单击"打开"按钮，文件被导入到舞台窗口中，如图 4-2 所示。选择"文本"工具 T，选择"窗口 > 属性"命令，弹出文本工具"属性"面板，在"属性"面板中进行设置，如图 4-3 所示；在舞台窗口中输入需要的文字，如图 4-4 所示。

图 4-2

图 4-3   图 4-4

（3）选择"文本"工具 T，在"属性"面板中进行设置，将文字颜色设为绿色（#336600），如图 4-5 所示；在舞台窗口中输入需要的文字，如图 4-6 所示。

图 4-5

图 4-6

（4）选中数字"15"后面的数字"0"，如图 4-7 所示；在"属性"面板中单击"切换上标"按钮 **T**，如图 4-8 所示，数字的效果如图 4-9 所示。

图 4-7

图 4-8

图 4-9

（5）使用相同的方法将数字"20"后面的数字"0"设置相同的属性，效果如图 4-10 所示。选择"文本"工具 **T**，在"属性"面板中进行设置，将文字颜色设为黑色，如图 4-11 所示；在舞台窗口中输入需要的文字，如图 4-12 所示。

图 4-10

图 4-11

图 4-12

（6）选中刚输入的黑色文字，在"属性"面板中进行设置，如图 4-13 所示，文字效果如图 4-14 所示。心情日记制作完成，按 Ctrl+Enter 组合键即可查看效果，如图 4-15 所示。

图 4-13

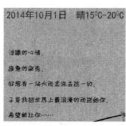

图 4-14

图 4-15

4.1.2 文本的类型

TLF 文本是 Flash CS6 中新添加的一种文本引擎，也是 Flash CS6 中的默认文本类型。

1. TLF 文本

选择文本工具 T，选择"窗口 > 属性"命令，弹出文本工具"属性"面板，如图 4-16 所示。

选择文本工具 T，在场景中单击鼠标，插入点文本，如图 4-17 所示，直接输入文本即可，如图 4-18 所示。选择文本工具 T，在场景中单击并按住鼠标，向右拖曳出一个文本框，如图 4-19 所示，在文本框中输入文字，文字被限定在文本框中，如果输入的文字较多，文本将会挤在一起，如图 4-20 所示。将鼠标放置在文本框右边的小方框上，如图 4-21 所示，向右拖曳文本框到适当的位置，如图 4-22 所示，文字将全部显示，效果如图 4-23 所示。

图 4-16

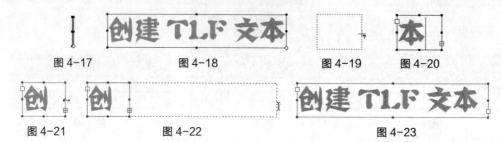

图 4-17   图 4-18   图 4-19   图 4-20

图 4-21   图 4-22   图 4-23

单击文本工具"属性"面板中的"可选"后的倒三角按钮，弹出 TFL 文本的三种类型，如图 4-24 所示。

只读：当作为 SWF 文件发布时，文本无法选中或编辑。

可选：当作为 SWF 文件发布时，文本可以选中并可复制到剪贴板中，但不可以编辑。对于 TLF 文本，此设置是默认设置。

图 4-24

可编辑：当作为 SWF 文件发布时，文本是可以选中和编辑的。

知识提示　　当使用 TLF 文本时，在"文本 > 字体"菜单中找不到"PostScript"字体。如果对 TLF 文本对象使用了某种"PostScript"字体，Flash 会将此字体替换为 _sans 设备字体。

TLF 文本要求在 FLA 文件的发布设置中指定 ActionScript 3.0、Flash Player 10 或更高版本。

在创作时，不能将 TLF 文本用做图层蒙版。要创建带有文本的遮罩层，请使用 ActionScript 3.0 创建遮罩层，或者为遮罩层使用传统文本。

2. 传统文本

选择文本工具 T，选择"窗口 > 属性"命令，弹出文本工具"属性"面板，如图 4-25 所示。

将鼠标放置在场景中，鼠标光标变为十。在场景中单击鼠标，出现文本输入光标，如图 4-26 所示。直接输入文字即可，如图 4-27 所示。

图 4-25

用鼠标在场景中单击并按住鼠标，向右下角方向拖曳出一个文本框，如图 4-28 所示。松开鼠标，出现文本输入光标，如图 4-29 所示。在文本框中输入文字，文字被限定在文本框中，如果输入的文字较多，会自动转到下一行显示，如图 4-30 所示。

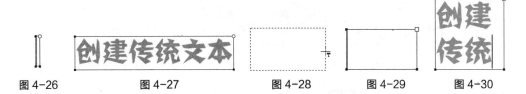

图 4-26   图 4-27   图 4-28   图 4-29   图 4-30

用鼠标向左拖曳文本框上方的方形控制点，可以缩小文字的行宽，如图 4-31 所示。向右拖曳控制点可以扩大文字的行宽，如图 4-32 所示。

双击文本框上方的方形控制点，如图 4-33 所示，文字将转换成单行显示状态，方形控制点转换为圆形控制点，如图 4-34 所示。

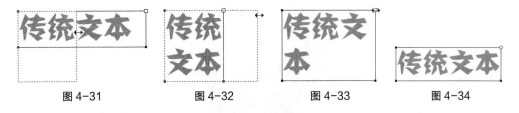

图 4-31   图 4-32   图 4-33   图 4-34

4.1.3　文本属性

下面以"传统文本"为例对各文字调整选项逐一介绍。文本属性面板如图 4-35 所示。

1．设置文本的字体、字体大小、样式和颜色

"系列"选项：设定选定字符或整个文本块的文字字体。

选中文字，如图 4-36 所示，选择文本工具"属性"面板，在"字符"选项组中单击"系列"选项，在弹出的下拉列表中选择要转换的字体，如图 4-37 所示，单击鼠标，文字的字体被转换，效果如图 4-38 所示。

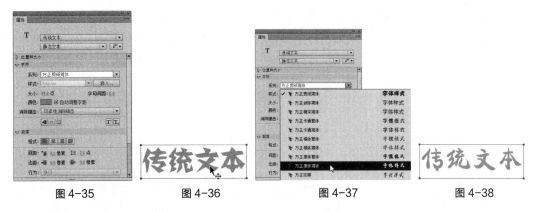

图 4-35   图 4-36   图 4-37   图 4-38

"大小"选项：设定选定字符或整个文本块的文字大小。选项值越大，文字越大。

选中文字，如图 4-39 所示，在文本工具"属性"面板中选择"大小"选项，在其数值框中输入设定的数值，或用鼠标拖曳其右侧的滑动条来进行设定，如图 4-40 所示，文字的字号变小，如图 4-41 所示。

图 4-39 图 4-40 图 4-41

"文本（填充）颜色"按钮 ▇▇▇：为选定字符或整个文本块的文字设定颜色。

选中文字，如图 4-42 所示，在文本工具"属性"面板中单击"颜色"按钮，弹出颜色面板，选择需要的颜色，如图 4-43 所示，为文字替换颜色，如图 4-44 所示。

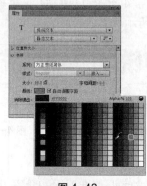

图 4-42 图 4-43 图 4-44

 文字只能使用纯色，不能使用渐变色。要想为文本应用渐变，必须将该文本转换为组成它的线条和填充。

知识提示

"改变文本方向"按钮 ▤▾：在其下拉列表中选择需要的选项可以改变文字的排列方向。

选中文字，如图 4-45 所示，单击"改变文本方向"按钮 ▤▾，在其下拉列表中选择"垂直"命令，如图 4-46 所示，文字将从右向左排列，效果如图 4-47 所示。如果在其下拉列表中选择"垂直，从左向右"命令，如图 4-48 所示，文字将从左向右排列，效果如图 4-49所示。

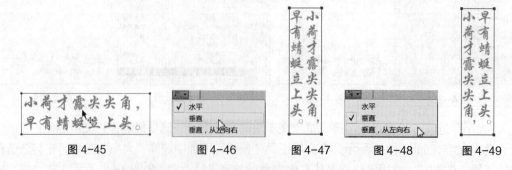

图 4-45 图 4-46 图 4-47 图 4-48 图 4-49

"字母间距"选项 字母间距：0.0 ：通过设置需要的数值，控制字符之间的相对位置。

设置不同的文字间距，文字的效果如图 4-50 所示。

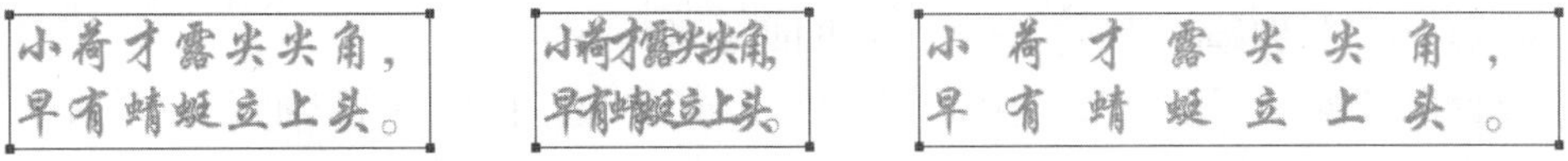

（a）间距为 0 时效果　　（b）缩小间距后效果　　（c）扩大间距后效果

图 4-50

"上标"按钮 **T'**：可将水平文本放在基线之上，或将垂直文本放在基线的右边。

"下标"按钮 **T,**：可将水平文本放在基线之下，或将垂直文本放在基线的左边。

选中要设置字符位置的文字，单击"上标"按钮，文字在基线以上，如图 4-51 所示。

图 4-51

设置不同字符位置，文字的效果如图 4-52 所示。

（a）正常位置　　　　　　（b）上标位置　　　　　　（c）下标位置

图 4-52

2. 字体呈现方法

Flash CS6 中有 5 种不同的字体呈现选项，如图 4-53 所示。通过设置可以得到不同的样式。

图 4-53

"使用设备字体"：此选项生成一个较小的 SWF 文件。此选项使用最终用户计算机上当前安装的字体来呈现文本。

"位图文本（无消除锯齿）"：此选项生成明显的文本边缘，没有消除锯齿。因为此选项生成的 SWF 文件中包含字体轮廓，所以生成一个较大的 SWF 文件。

"动画消除锯齿"：此选项生成可顺畅进行动画播放的消除锯齿文本。因为在文本动画播放时没有应用对齐和消除锯齿，所以在某些情况下，文本动画还可以更快地播放。在使用带有许多字母的大字体或缩放字体时，可能看不到性能上的提高。因为此选项生成的 SWF 文件中包含字体轮廓，所以生成一个较大的 SWF 文件。

"可读性消除锯齿"：此选项使用高级消除锯齿引擎。此选项提供了品质最高的文本，具有最易读的文本。因为此选项生成的文件中包含字体轮廓，以及特定的消除锯齿信息，所以生成最大的 SWF 文件。

"自定义消除锯齿"：此选项与"可读性消除锯齿"选项相同，但是可以直观地操作消除锯齿参数，以生成特定外观。此选项在为新字体或不常见的字体生成最佳的外观方面非常有用。

3. 设置字符与段落

文本排列方式按钮可以将文字以不同的形式进行排列。

"左对齐"按钮 ≡：将文字与文本框的左边线进行对齐。

"居中对齐"按钮 ≡：将文字与文本框的中线进行对齐。

"右对齐"按钮 ≡：将文字与文本框的右边线进行对齐。

"两端对齐"按钮≣：将文字与文本框的两端进行对齐。

在舞台窗口输入一段文字，选择不同的排列方式，文字排列的效果如图 4-54 所示。

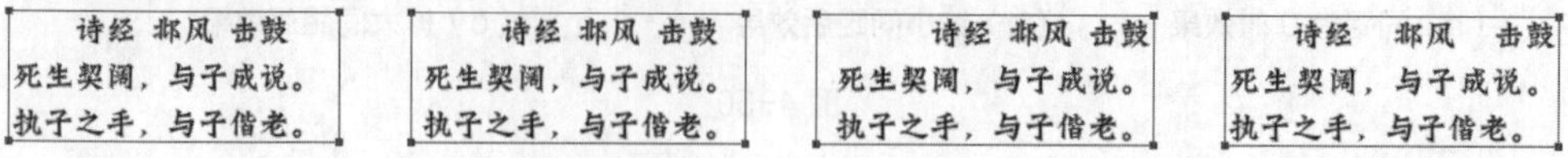

诗经 邶风 击鼓 死生契阔，与子成说。 执子之手，与子偕老。	诗经 邶风 击鼓 死生契阔，与子成说。 执子之手，与子偕老。	诗经 邶风 击鼓 死生契阔，与子成说。 执子之手，与子偕老。	诗经 邶风 击鼓 死生契阔，与子成说。 执子之手，与子偕老。
（a）左对齐	（b）居中对齐	（c）右对齐	（d）两端对齐

图 4-54

"缩进"选项≡：用于调整文本段落的首行缩进。

"行距"选项≡：用于调整文本段落的行距。

"左边距"选项≡：用于调整文本段落的左侧间隙。

"右边距"选项≡：用于调整文本段落的右侧间隙。

选中文本段落，如图 4-55 所示，在"段落"选项中进行设置，如图 4-56 所示，文本段落的格式发生改变，如图 4-57 所示。

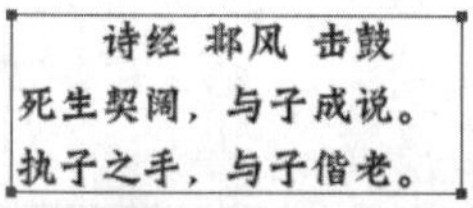

图 4-55　　　　　　　图 4-56 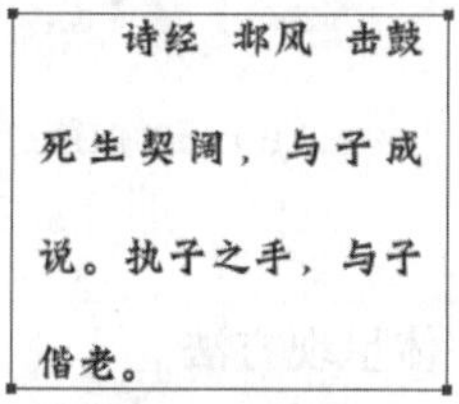　　　　　　　图 4-57

4．设置文本超链接

"链接"选项：可以在选项的文本框中直接输入网址，使当前文字成为超级链接文字。

"目标"选项：可以设置超级链接的打开方式，共有 4 种方式可以选择。

"_blank"：链接页面在新开的浏览器中打开。

"_parent"：链接页面在父框架中打开。

"_self"：链接页面在当前框架中打开。

"_top"：链接页面在默认的顶部框架中打开。

选中文字，如图 4-58 所示，选择文本工具"属性"面板，在"链接"选项的文本框中输入链接的网址，如图 4-59 所示，在"目标"选项中设置好打开方式，设置完成后文字的下方出现下划线，表示已经链接，如图 4-60 所示。

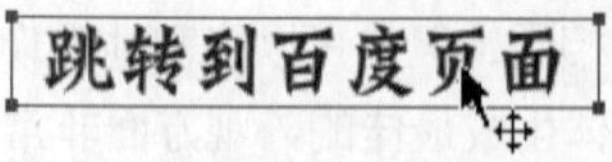

图 4-58　　　　　　　图 4-59 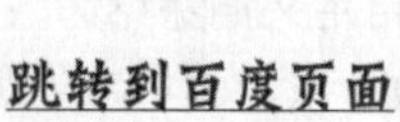　　　　　　　图 4-60

知识提示　　文本只有在水平方向排列时，超链接功能才可用。当文本为垂直方向排列时，超链接则不可用。

4.1.4 静态文本

选择"静态文本"选项，"属性"面板如图 4-61 所示。"可选"按钮 ：选择此项，当文件输出为 SWF 格式时，可以对影片中的文字进行选取、复制操作。

4.1.5 动态文本

选择"动态文本"选项，"属性"面板如图 4-62 所示。动态文本可以作为对象来应用。

在"字符"选项组中，"实例名称"选项：可以设置动态文本的名称；"将文本呈现为 HTML"选项 ：文本支持 HTML 标签特有的字体格式、超级链接等超文本格式；"在文本周围显示边框"选项 ：可以为文本设置白色的背景和黑色的边框。

在"段落"选项组中的"行为"选项包括单行、多行和多行不换行。"单行"：文本以单行方式显示；"多行"：如果输入的文本大于设置的文本限制，输入的文本将被自动换行；"多行不换行"：输入的文本为多行时，不会自动换行。

在"选项"选项组中的"变量"选项可以将该文本框定义为保存字符串数据的变量。此选项需结合动作脚本使用。

4.1.6 输入文本

选择"输入文本"选项，"属性"面板如图 4-63 所示。

"段落"选项组中的"行为"选项新增加了"密码"选项，选择此选项，当文件输出为 SWF 格式时，影片中的文字将显示为星号★★★★。

"选项"选项组中的"最大字符数"选项，可以设置输入文字的最多数值。默认值为 0，即为不限制。如设置数值，此数值即为输出 SWF 影片时，显示文字的最多数目。

图 4-61

图 4-62

图 4-63

4.1.7 拼写检查

拼写检查功能用于检查文档中的拼写是否有错误。选择"文本 > 拼写设置"命令，弹出"拼写设置"对话框，如图 4-64 所示。

"文档选项"选项组：用于设定检查的范围，可以设定检查文本、场景、层名称、帧标签、注释等。

"词典"选项组：用于设定在检查中使用的内置词典。

"个人词典"选项组：用于创建用户自己添加单词或短语的个人词典。

"检查选项"选项组：用于设定在检查过程中处理特定单词和字符类型所使用的方式。

选择"文本"工具 ，在场景中输入文字，如图 4-65 所示。选择"文本 > 检查拼写"

命令，弹出"检查拼写"对话框，在对话框中标示出了拼写错误的单词，在"建议"选项下选择需要的单词，如图 4-66 所示。

图 4-64　　　　　　　　图 4-65　　　　　　　　图 4-66

在对话框中单击"更改"按钮，对检查出的单词进行更改，弹出提示对话框，如图 4-67 所示，单击"确定"按钮，拼写检查完成，如图 4-68 所示。

图 4-67　　　　　　　　图 4-68

4.1.8　嵌入字体

从 Flash CS6 开始，对于包含文本的任何文本对象使用的所有字符，Flash 均会自动嵌入。如果您自己创建嵌入字体元件，就可以使文本对象使用其他字符。对于"消除锯齿"属性设置为"使用设备字体"的文本对象，没有必要嵌入字体。指定要在 FLA 文件中嵌入的字体后，Flash 会在您发布 SWF 文件时嵌入指定的字体。

在文本工具"属性"面板中，单击"字符"选项下的"嵌入"按钮 嵌入… ，弹出"字体嵌入"对话框，如图 4-69 所示。

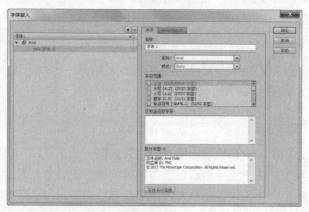

图 4-69

在"字体嵌入"对话框中可以单击"添加新字体"按钮 **+**，将新嵌入字体添加到 FLA 文件。可以单击"删除所选字体"按钮 **—**，将已添加的字体删除。在对话框中右侧的"选项"选项卡中可以选择要嵌入字体的"系列"和"样式"、要嵌入的字符范围。如果要嵌入任何其他特定字符，可以在"还包含这些字符"字段中输入这些字符。

单击"ActionScript"选项，弹出"ActionScript"选项卡，如图 4-70 所示。勾选"为 ActionScript 导出"复制框，其他选项的设置进入可编辑状态，如图 4-71 所示。"分级显示格式"选项是针对"TLF 文本"和"传统文本"进行设置的。如果是 TLF 文本，可以选择"TLF (DF4)"作为分级显示格式；如果是传统文本，可以选择"传统(DF3)"作为分级显示格式。

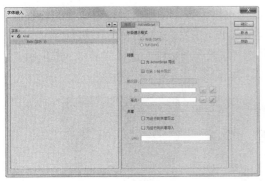

图 4-70

图 4-71

4.2　文本的转换

在 Flash CS6 中输入文本后，可以根据设计制作的需要对文本进行编辑，如对文本进行变形处理或为文本填充渐变色。

命令介绍

封套命令：可以将文本进行变形处理。

颜色面板：可以为文本填充颜色或渐变色。

4.2.1　课堂案例——绘制水果标志

【案例学习目标】使用变形文本和填充文本命令对文字进行变形。

【案例知识要点】使用文本工具输入需要的文字，使用封套命令对文字进行变形，使用墨水瓶工具为文字添加描边效果，如图 4-72 所示。

图 4-72

【效果所在位置】光盘/Ch04/效果/绘制水果标志.fla。

（1）选择"文件 > 打开"命令，在弹出的"打开"对话框中选择"Ch04 > 素材 > 绘制水果标志 > 01"文件，单击"打开"按钮，效果如图 4-73 所示。单击"时间轴"面板下方的"新建图层"按钮 **🖿**，创建新图层并将其命名为"图片"，如图 4-74 所示。

（2）选择"文件 > 导入 > 导入到舞台"命令，在弹出的"导入"对话框中选择"Ch04 > 素材 > 绘制水果标志 > 02"文件，单击"打开"按钮，文件被导入到舞台窗口中。在图片的"属性"面板中将"宽"选项设为 417，并拖曳图片到窗口的中心位置，效果如图 4-75 所示。

| 图 4-73 | 图 4-74 | 图 4-75 |

（3）单击"时间轴"面板下方的"新建图层"按钮，创建新图层并将其命名为"文字"。选择"文本"工具 **T**，在文本工具"属性"面板中进行设置，在舞台窗口中适当的位置输入大小为 40，字体为"方正美黑简体"的橙色（#FF6600）文字，效果如图 4-76 所示。

（4）选中文字"蜜"，如图 4-77 所示，在文本"属性"面板中，选择"字符"选项组"系列"下拉列表中的"汉仪萝卜体简"，效果如图 4-78 所示。

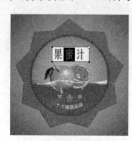

| 图 4-76 | 图 4-77 | 图 4-78 |

（5）选择"选择"工具 **⤢**，选中文字，按两次 Ctrl+B 组合键，将文字打散。选择"修改 > 变形 > 封套"命令，在文字图形上出现控制点，如图 4-79 所示。将鼠标放在上方中间的控制点上，光标变为 **⟋⟍**，用鼠标拖曳控制点，如图 4-80 所示，调整文字图形上的其他控制点，使文字图形产生相应的变形，如图 4-81 所示。

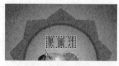

| 图 4-79 | 图 4-80 | 图 4-81 |

（6）选择"墨水瓶"工具 **⟠**，在墨水瓶工具"属性"面板中将"笔触颜色"设为白色，"笔触"选项设为 1.5，如图 4-82 所示，鼠标光标变为 **⟠**，在"果"文字外侧单击鼠标，为文字图形添加边线。使用相同的方法为其他文字添加边线，效果如图 4-83 所示。水果标志绘制完成，按 Ctrl+Enter 组合键即可查看效果，如图 4-84 所示。

| 图 4-82 | 图 4-83 | 图 4-84 |

4.2.2 变形文本

在舞台窗口输入需要的文字，并选中文字，如图 4-85 所示。按两次 Ctrl+B 组合键，将文字打散，如图 4-86 所示。

图 4-85 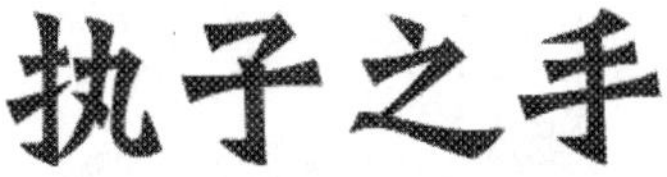 图 4-86

选择"修改 > 变形 > 封套"命令，在文字的周围出现控制点，如图 4-87 所示。拖曳控制点，改变文字的形状，如图 4-88 所示。变形完成后文字效果如图 4-89 所示。

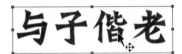

图 4-87 图 4-88  图 4-89

4.2.3 填充文本

在舞台窗口输入需要的文字，并选中文字，如图 4-90 所示。按两次 Ctrl+B 组合键，将文字打散，如图 4-91 所示。

图 4-90  图 4-91

选择"窗口 > 颜色"命令，弹出"颜色"面板，在"颜色类型"选项中选择"线性渐变"，在颜色设置条上设置渐变颜色，如图 4-92 所示。文字效果如图 4-93 所示。

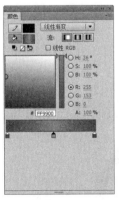

图 4-92  图 4-93

选择"墨水瓶"工具，在墨水瓶工具"属性"面板中，将"笔触颜色"设为红色，"笔触"选项设为 2，其他选项的设置如图 4-94 所示。在文字的外边线上单击，为文字添加外边框，如图 4-95 所示。

图 4-94   图 4-95

4.3　课堂练习——制作圣诞贺卡

【练习知识要点】使用文本工具输入文字，使用文本工具的属性面板设置文字的字体、大小、颜色、行距和字符设置。

【素材所在位置】光盘/Ch04/素材/制作圣诞贺卡/01。

【效果所在位置】光盘/Ch04/效果/制作圣诞贺卡.Fla，如图 4-96 所示。

图 4-96

4.4　课后习题——制作水果标牌

【练习知识要点】使用文本工具输入文字，使用封套命令对文字进行变形，使用墨水瓶工具为文字添加描边效果。

【素材所在位置】光盘/Ch04/素材/制作水果标牌/01。

【效果所在位置】光盘/Ch04/效果/制作水果标牌.Fla，如图 4-97 所示。

图 4-97

PART 5

第5章
外部素材的应用

本章介绍

  Flash CS6 可以导入外部的图像和视频素材来增强画面效果。本章将介绍导入外部素材以及设置外部素材属性的方法。读者通过学习要了解并掌握如何应用 Flash CS6 的强大功能来处理和编辑外部素材，使其与内部素材充分结合，从而制作出更加生动的动画作品。

学习目标

- 了解图像和视频素材的格式。
- 掌握图像素材的导入和编辑方法。
- 掌握视频素材的导入和编辑方法。

技能目标

- 掌握"冰酷饮料广告"的制作方法和技巧。
- 掌握"摄影机广告"的制作方法和技巧。
- 了解并掌握 Flash CS6 中图像、视频素材的导入和编辑方法。

5.1 图像素材的应用

Flash 可以导入各种文件格式的矢量图形和位图。

命令介绍

转换位图为矢量图：相比于位图而言，矢量图具有容量小、放大无失真等优点，Flash CS6 提供了把位图转换为矢量图的方法，简单有效。

5.1.1 课堂案例——制作冰酷饮料广告

【案例学习目标】使用转换位图为矢量图命令进行图像的转换。

【案例知识要点】使用转换位图为矢量图命令将位图转换为矢量图形，使用任意变形工具调整图片的大小，使用文本工具输入需要的文字，如图 5-1 所示。

【效果所在位置】光盘/Ch05/效果/制作冰酷饮料广告.fla。

图 5-1

1. 导入图片并转换为矢量图

（1）选择"文件 > 新建"命令，弹出"新建文档"对话框，将背景颜色设为蓝色（#3399FF），单击"确定"按钮，进入新建文档舞台窗口。

（2）选择"文件 > 导入 > 导入到库"命令，在弹出的"导入到库"对话框中选择"Ch05 > 素材 > 绘制冰酷饮料广告 > 01、02、03"文件，单击"打开"按钮，文件被导入到"库"面板中，如图 5-2 所示。

（3）在"库"面板下方单击"新建元件"按钮 🖺，弹出"创建新元件"对话框，在"名称"选项的文本框中输入"背景图"，在"类型"选项的下拉列表中选择"图形"选项，单击"确定"按钮，新建图形元件"背景图"，如图 5-3 所示，舞台窗口也随之转换为图形元件的舞台窗口。

图 5-2

图 5-3

（4）将"库"面板中的位图"01"拖曳到舞台窗口中适当的位置。选择"修改 > 位图 > 转换位图为矢量图"命令，弹出"转换位图为矢量图"对话框，在对话框中进行设置，如图 5-4 所示，单击"确定"按钮，效果如图 5-5 所示。

图 5-4

图 5-5

2．在场景中编辑元件

（1）单击舞台窗口左上方的"场景 1"图标 ，进入"场景 1"的舞台窗口。将"图层 1"重新命名为"底图"。将"库"面板中的图形元件"背景图"拖曳到舞台窗口中，调出"属性"面板，分别将"宽"、"高"选项设为 550、400，舞台窗口中的效果如图 5-6 所示。

（2）单击"时间轴"面板下方的"新建图层"按钮 ，创建新图层并将其命名为"瓶子"。将"库"面板中的图形元件"02"拖曳到舞台窗口中，选择"任意变形"工具 ，将"瓶子"实例调整到适当的大小，效果如图 5-7 所示。

图 5-6

图 5-7

（3）单击"时间轴"面板下方的"新建图层"按钮 ，创建新图层并将其命名为"文字"。将"库"面板中的图形元件"03"拖曳到舞台窗口的右上方，效果如图 5-8 所示。冰酷饮料广告制作完成，按 Ctrl+Enter 组合键即可查看效果，如图 5-9 所示。

图 5-8

图 5-9

5.1.2 图像素材的格式

Flash CS6 可以导入各种文件格式的矢量图形和位图。矢量格式包括 FreeHand 文件、Adobe Illustrator 文件、EPS 文件和 PDF 文件。位图格式包括 JPG、GIF、PNG、BMP 等格式。

FreeHand 文件：在 Flash 中导入 FreeHand 文件时，可以保留层、文本块、库元件和页面，还可以选择要导入的页面范围。

Illustrator 文件：支持对曲线、线条样式和填充信息的非常精确的转换。

EPS 文件或 PDF 文件：可以导入任何版本的 EPS 文件以及 1.4 版本或更低版本的 PDF 文件。

JPG 格式：一种压缩格式，可以应用不同的压缩比例对文件进行压缩。压缩后，文件质量损失小，文件量大大降低。

GIF 格式：位图交换格式，是一种 256 色的位图格式，压缩率略低于 JPG 格式。

PNG 格式：能把位图文件压缩到极限以利于网络传输，能保留所有与位图品质有关的信息。PNG 格式支持透明位图。

BMP 格式：在 Windows 环境下使用最为广泛，而且使用时最不容易出问题。但由于文件量较大，一般在网上传输时，不考虑该格式。

5.1.3 导入图像素材

Flash CS6 可以识别多种不同的位图和矢量图的文件格式。制作者可以通过导入或粘贴的方法将素材引入到 Flash CS6 中。

1．导入到舞台

（1）导入位图到舞台：当导入位图到舞台时，舞台上显示出该位图，位图同时被保存在"库"面板中。

选择"文件 > 导入 > 导入到舞台"命令，弹出"导入"对话框，在对话框中选择"基础素材 > Ch05 > 01"文件，如图 5-10 所示。单击"打开"按钮，弹出提示对话框，如图 5-11 所示。

图 5-10　　　　　　　　　　　　　图 5-11

当单击"否"按钮时，选择的位图图片"01"被导入到舞台上，这时，舞台、"库"面板和"时间轴"所显示的效果如图 5-12、图 5-13 和图 5-14 所示。

图 5-12　　　　　　　　　　图 5-13　　　　　　　　　图 5-14

当单击"是"按钮时，位图图片 01～06 全部被导入到舞台上，这时，舞台、"库"面板和"时间轴"所显示的效果如图 5-15、图 5-16 和图 5-17 所示。

图 5-15

图 5-16

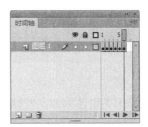
图 5-17

知识提示

可以用各种方式将多种位图导入到 Flash CS6 中，并且可以从 Flash CS6 中启动 Fireworks 或其他外部图像编辑器，从而在这些编辑应用程序中修改导入的位图。可以对导入位图应用压缩和消除锯齿功能，以控制位图在 Flash CS6 中的大小和外观，还可以将导入位图作为填充应用到对象中。

（2）导入矢量图到舞台：当导入矢量图到舞台上时，舞台上显示该矢量图，但矢量图并不会被保存到"库"面板中。

选择"文件 > 导入 > 导入到舞台"命令，弹出"导入"对话框，在对话框中选择"基础素材 > Ch05 > 07"文件，如图 5-18 所示。单击"打开"按钮，弹出"将'07.ai'导入到舞台"对话框，如图 5-19 所示。单击"确定"按钮，矢量图被导入到舞台上，如图 5-20 所示。此时，查看"库"面板，并没有保存矢量图"07"。

图 5-18

图 5-19

图 5-20

2．导入到库

（1）导入位图到库：当导入位图到"库"面板时，舞台上不显示该位图，只在"库"面板中进行显示。

选择"文件 > 导入 > 导入到库"命令，弹出"导入到库"对话框，在对话框中选择"光盘 > 基础素材 > Ch05 > 02"文件，如图 5-21 所示。单击"打开"按钮，位图被导入到"库"面板中，如图 5-22 所示。

图 5-21　　　　　　　　　　　　图 5-22

（2）导入矢量图到库：当导入矢量图到"库"面板时，舞台上不显示该矢量图，只在"库"面板中进行显示。

选择"文件 > 导入 > 导入到库"命令，弹出"导入到库"对话框，在对话框中选择"基础素材 > Ch05 > 08"文件，如图 5-23 所示。单击"打开"按钮，弹出"将'08.ai'导入到库"对话框，如图 5-24 所示。单击"确定"按钮，矢量图被导入到"库"面板中，如图 5-25 所示。

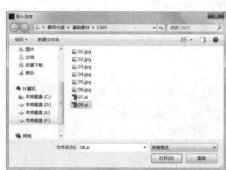

图 5-23　　　　　　　　　　　图 5-24　　　　　　　　　图 5-25

3．外部粘贴

可以将其他程序或文档中的位图粘贴到 Flash CS6 的舞台中。方法为在其他程序或文档中复制图像，选中 Flash CS6 文档，按 Ctrl+V 组合键，将复制的图像进行粘贴，图像出现在 Flash CS6 文档的舞台中。

5.1.4　设置导入位图属性

对于导入的位图，用户可以根据需要消除锯齿从而平滑图像的边缘，或选择压缩选项以减小位图文件的大小，以及格式化文件以便在 Web 上显示。这些变化都需要在"位图属性"对话框中进行设定。

在"库"面板中双击位图图标，如图 5-26 所示，弹出"位图属性"对话框，如图 5-27 所示。

位图浏览区域：对话框的左侧为位图浏览区域，将鼠标放置在此区域，光标变为手形，拖动鼠标可移动区域中的位图。

位图名称编辑区域：对话框的上方为名称编辑区域，可以在此更换位图的名称。

图 5-26

位图基本情况区域：名称编辑区域下方为基本情况区域，该区域显示了位图的创建日期、文件大小、像素位数以及位图在计算机中的具体位置。

"允许平滑"选项：利用消除锯齿功能平滑位图边缘。

"压缩"选项：设定通过何种方式压缩图像，它包含以下两种方式："照片 (JPEG)"：以 JPEG 格式压缩图像，可以调整图像的压缩比；"无损 (PNG/GIF)"：将使用无损压缩格式压缩图像，这样不会丢失图像中的任何数据。

"使用导入的 JPEG 数据"选项：点选此选项，则位图应用默认的压缩品质。不点选此选项，则选取"自定义"选项，如图 5-28 所示。可以在"自定义"选项文本框中输入 1~100 的一个值，以指定新的压缩品质。"自定义"选项中的数值设置越高，保留的图像完整性越大，但是产生的文件量大小也越大。

图 5-27

图 5-28

"更新"按钮：如果此图片在其他文件中被更改了，单击此按钮进行刷新。

"导入"按钮：可以导入新的位图，替换原有的位图。单击此按钮，弹出"导入位图"对话框，在对话框中选中要进行替换的位图，如图 5-29 所示，单击"打开"按钮，原有位图被替换，如图 5-30 所示。

图 5-29

图 5-30

"测试"按钮：单击此按钮可以预览文件压缩后的结果。

在"品质"选项的"自定义"数值框中输入数值，如图 5-31 所示，单击"测试"按钮，在对话框左侧的位图浏览区域中，可以观察压缩后的位图质量效果，如图 5-32 所示。

当"位图属性"对话框中的所有选项设置完成后，单击"确定"按钮即可。

图 5-31　　　　　　　　　　　　　图 5-32

5.1.5　将位图转换为图形

使用 Flash CS6 可以将位图分离为可编辑的图形，位图仍然保留它原来的细节。分离位图后，可以使用绘画工具和涂色工具来选择和修改位图的区域。

在舞台中导入位图，选择"刷子"工具 ✎，在位图上绘制线条，如图 5-33 所示。松开鼠标后，线条只能在位图下方显示，如图 5-34 所示。

图 5-33　　　　　　　　　　　　图 5-34

将位图转换为图形的操作步骤如下。

（1）在舞台中导入位图，选中位图，选择"修改 ＞ 分离"命令或按 Ctrl+B 组合键，如图 5-35 所示。对打散后的位图进行编辑。选择"刷子"工具 ✎，在位图上进行绘制，如图 5-36 所示。

图 5-35　　　　　　　　　　　　图 5-36

（2）选择"选择"工具 ▶，改变图形形状或删减图形，如图 5-37、图 5-38 所示。选择"橡皮擦"工具 ✐，擦除图形，如图 5-39 所示。选择"墨水瓶"工具 ⬤，为图形添加外边框，如图 5-40 所示。

图 5-37　　　　　图 5-38　　　　　图 5-39　　　　　图 5-40

选择"套索"工具，选中工具箱下方的"魔术棒"按钮，在图形的黄色花朵上单击鼠标，将图形上的黄色部分选中，如图 5-41 所示，按 Delete 键，删除选中的图形，如图 5-42 所示。

图 5-41   图 5-42

> **知识提示** 将位图转换为图形后，图形不再链接到"库"面板中的位图组件。也就是说，当修改打散后的图形时不会对"库"面板中相应的位图组件产生影响。

5.1.6 将位图转换为矢量图

选中位图，如图 5-43 所示，选择"修改 > 位图 > 转换位图为矢量图"命令，弹出"转换位图为矢量图"对话框，如图 5-44 所示，单击"确定"按钮，位图转换为矢量图，如图 5-45 所示。

图 5-43   图 5-44   图 5-45

"颜色阈值"选项：设置将位图转化成矢量图形时的色彩细节。数值的输入范围为 0 ~ 500，该值越大，图像越细腻。

"最小区域"选项：设置将位图转化成矢量图形时色块的大小。数值的输入范围为 0 ~ 1000，该值越大，色块越大。

"角阈值"选项：定义角转化的精细程度。

"曲线拟合"选项：设置在转换过程中对色块处理的精细程度。图形转化时边缘越光滑，原图像细节的失真程度越高。

在"转换位图为矢量图"对话框中，设置不同的数值，所产生的效果也不相同，如图 5-46（1）、图 5-46（2）所示。

图 5-46（1）

图 5-46（2）

将位图转换为矢量图形后，可以应用"颜料桶"工具 ![] 为其重新填色。

选择"颜料桶"工具 ![]，在工具箱中将"填充颜色"设置为橙色（#FF6600），在图形的黄色区域单击，将黄色区域填充为橙色，如图 5-47 所示。

将位图转换为矢量图形后，还可以用"滴管"工具 ![] 对图形进行采样，然后将其用作填充色。

选择"滴管"工具 ![]，光标变为 ![]，在黄色块上单击，吸取黄色的色彩值，如图 5-48 所示。吸取后，光标变为 ![]，在橙色区域上单击，用黄色进行填充，将橙色区域全部转换为黄色，如图 5-49 所示。

图 5-47　　　　　　　　　　图 5-48　　　　　　　　　　图 5-49

5.2　视频素材的应用

在 Flash CS6 中，可以导入外部的视频素材并将其应用到动画作品中，可以根据需要导入不同格式的视频素材并设置视频素材的属性。

命令介绍

导入视频：可以将需要的视频素材导入到动画中，并对其进行适当的变形。

5.2.1　课堂案例——制作摄像机广告

【案例学习目标】使用导入命令导入视频，使用变形工具调整视频的大小。

【案例知识要点】使用导入命令导入视频，使用任意变形工具调整视频的大小，如图 5-50 所示。

【效果所在位置】光盘/Ch05/效果/制作摄像机广告.fla。

（1）选择"文件 > 新建"命令，在弹出的"新建文档"对话框中选择"ActionScript 3.0"选项，将"宽度"选项设为 500，"高度"选项设为 650，单击"确定"按钮，进入新建文档舞台窗口。

（2）选择"文件 > 导入 > 导入到舞台"命令，在弹出的"导入"

图 5-50

对话框中选择"Ch05 > 素材 > 制作摄像机广告 > 01"文件，单击"打开"按钮，文件被导入到舞台窗口中，效果如图 5-51 所示。将"图层 1"重新命名为"底图"，如图 5-52 所示。

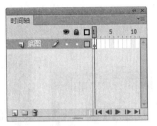

图 5-51　　　　　　　　　　　　　图 5-52

（3）单击"时间轴"面板下方的"新建图层"按钮，创建新图层并将其命名为"视频"。选择"文件 > 导入 > 导入视频"命令，在弹出的"导入视频"对话框中单击"浏览"按钮，在弹出的"打开"对话框中选择"Ch05 > 素材 > 制作摄像机广告 > 02"文件，如图 5-53 所示，单击"打开"按钮，回到"导入视频"对话框中，点选"在 SWF 中嵌入 FLV 并在时间轴中播放"选项，如图 5-54 所示。

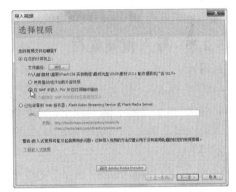

图 5-53　　　　　　　　　　　　　图 5-54

（4）单击"下一步"按钮，弹出"嵌入"对话框，对话框中的设置如图 5-55 所示。单击"下一步"按钮，弹出"完成视频导入"对话框，单击"完成"按钮完成视频的导入，"02"视频文件被导入到"库"面板中，如图 5-56 所示。

图 5-55　　　　　　　　　　　　　图 5-56

（5）选择"底图"图层的第 242 帧，按 F5 键，在该帧上插入普通帧，如图 5-57 所示。

选中舞台窗口中的视频实例，选择"任意变形"工具，在视频的周围出现控制点，将光标放在视频右上方的控制点上，光标变为，按住鼠标不放，向中间拖曳控制点，松开鼠标，视频缩小。将视频放置到适当的位置，在舞台窗口的任意位置单击鼠标，取消对视频的选取，效果如图 5-58 所示。摄像机广告制作完成，按 Ctrl+Enter 组合键即可查看效果，效果如图 5-59 所示。

图 5-57

图 5-58

图 5-59

5.2.2　视频素材的格式

Flash CS6 版本对导入的视频格式作了严格的限制，只能导入 FLV 和 F4V 格式的视频，而 FLV 视频格式是当前网页视频观看的主流。

5.2.3　导入视频素材

1. F4V

F4V 是 Adobe 公司为了迎接高清时代而推出的继 FLV 格式后的流媒体格式，它支持 H.264。它和 FLV 主要的区别在于，FLV 格式采用的是 H263 编码，而 F4V 则支持 H.264 编码的高清晰视频，码率最高可达 50Mbps。

2. FLV

Macromedia Flash Video（FLV）文件可以导入或导出带编码音频的静态视频流，适用于通信应用程序，例如视频会议、包含从 Adobe 的 Macromedia Flash Media Server 中导出的屏幕共享编码数据的文件。

要导入 FLV 格式的文件，可以选择"文件 ＞ 导入 ＞ 导入视频"命令，弹出"导入视频"对话框，单击"浏览"按钮，弹出"打开"对话框，在对话框中选择"基础素材 ＞ Ch05 ＞ 09"文件，如图 5-60 所示。单击"打开"按钮，返回到"导入"对话框，在对话框中点选"在 SWF 中嵌入 FLV 并在时间轴中播放"单选项，如图 5-61 所示，单击"下一步"按钮。

图 5-60

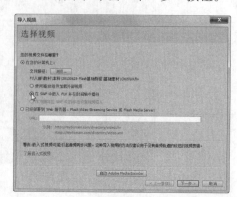

图 5-61

进入"嵌入"对话框，如图 5-62 所示。单击"下一步"按钮，弹出"完成视频导入"对话框，如图 5-63 所示，单击"完成"按钮完成视频的编辑。

图 5-62

图 5-63

此时，"舞台窗口"、"时间轴"和"库"面板中的效果如图 5-64、图 5-65 和图 5-66 所示。

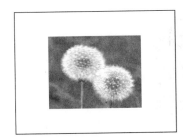
图 5-64

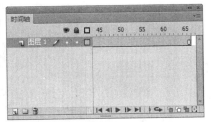
图 5-65

图 5-66

5.2.4　视频的属性

在属性面板中可以更改导入视频的属性。选中视频，选择"窗口 > 属性"命令，弹出视频"属性"面板，如图 5-67 所示。

"实例名称"选项：可以设定嵌入视频的名称。

"交换"按钮：单击此按钮，弹出"交换视频"对话框，可以将视频剪辑与另一个视频剪辑交换。

"X"、"Y"选项：可以设定视频在场景中的位置。

"宽"、"高"选项：可以设定视频的宽度和高度。

图 5-67

5.3　课堂练习——制作装饰画

【练习知识要点】使用转换位图为矢量图命令将位图转换成矢量图，使用文本工具添加文字效果。

【素材所在位置】光盘/Ch05/素材/制作装饰画/01。

【效果所在位置】光盘/Ch05/效果/制作装饰画. Fla，如图 5-68 所示。

图 5-68

5.4　课后习题——制作汽车广告

【习题知识要点】使用矩形工具制作边框图形，使用导入命令和任意变形工具将视频导入并对其进行编辑。

【素材所在位置】光盘/Ch05/素材/制作汽车广告/01。

【效果所在位置】光盘/Ch05/效果/制作汽车广告. Fla，如图 5-69 所示。

图 5-69

PART 6

第6章
元件和库

本章介绍

　　在 Flash CS6 中，元件起着举足轻重的作用。通过重复应用元件，可以提高工作效率、减少文件量。本章讲解了元件的创建、编辑、应用，以及库面板的使用方法。读者通过学习，要了解并掌握如何应用元件的相互嵌套及重复应用来制作出变化无穷的动画效果。

学习目标

- 了解元件的类型。
- 熟练掌握元件的创建方法。
- 掌握元件的引用方法。
- 熟练运用库面板编辑元件。
- 熟练掌握实例的创建和应用。

技能目标

- 掌握"美丽风景动画"的制作方法和技巧。
- 掌握"按钮实例"的制作方法和技巧。
- 熟练应用图形、按钮、影片剪辑元件制作动画效果。

6.1　元件与库面板

元件就是可以被不断重复使用的特殊对象符号。当不同的舞台剧幕上有相同的对象进行表演时，用户可先建立该对象的元件，需要时只需在舞台上创建该元件的实例即可。在 Flash CS6 文档的库面板中可以存储创建的元件以及导入的文件。只要建立 Flash CS6 文档，就可以使用相应的库。

命令介绍

元件：在 Flash CS6 中可以将元件分为 3 种类型，即图形元件、按钮元件、影片剪辑元件。在创建元件时，可根据作品的需要来判断元件的类型。

6.1.1　课堂案例——制作美丽风景动画

【案例学习目标】使用插入元件命令添加图形、按钮和影片剪辑元件。

【案例知识要点】使用椭圆工具绘制云朵图形元件，使用创建传统补间命令制作太阳动画影片剪辑元件，使用任意变形工具调整元件的大小，如图 6-1 所示。

【效果所在位置】光盘/Ch06/效果/制作美丽风景动画.fla。

图 6-1

1. 制作图形元件

（1）选择"文件 > 新建"命令，在弹出的"新建文档"对话框中选择"ActionScript 3.0"选项，单击"确定"按钮，进入新建文档舞台窗口。按 Ctrl+J 组合键，弹出"文档设置"对话框，将"宽度"选项设为 600，"高度"选项设为 400，将"背景颜色"选项设为灰色（#999999），单击"确定"按钮，改变舞台窗口的大小。

（2）选择"文件 > 导入 > 导入到库"命令，在弹出的"导入到库"对话框中选择"Ch06 > 素材 > 制作美丽风景动画 > 01、02、03"文件，单击"打开"按钮，文件被导入到"库"面板中，如图 6-2 所示。

（3）按 Ctrl+F8 组合键，弹出"创建新元件"对话框，在"名称"选项的文本框中输入"白云"，在"类型"选项下拉列表中选择"图形"选项，单击"确定"按钮，新建图形元件"白云"，如图 6-3 所示。舞台窗口也随之转换为图形元件的舞台窗口。选择"椭圆"工具，在工具箱中将"笔触颜色"设为无，"填充颜色"设为白色，在舞台窗口中绘制椭圆形，如图 6-4 所示。

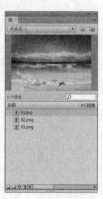

图 6-2　　　　　　图 6-3　　　　　　图 6-4

（4）用相同的方法绘制多个椭圆形，制作出图 6-5 所示的云彩效果。选择"选择"工具 ，选中云彩图形。选择"修改 > 形状 > 柔化填充边缘"命令，弹出"柔化填充边缘"对话框，选项的设置如图 6-6 所示，单击"确定"按钮，效果如图 6-7 所示。

图 6-5　　　　　　　　图 6-6　　　　　　　　图 6-7

（5）按 Ctrl+F8 组合键，弹出"创建新元件"对话框，在"名称"选项的文本框中输入"元件 2"，在"类型"选项下拉列表中选择"图形"选项，单击"确定"按钮，新建图形元件"元件 2"，如图 6-8 所示。舞台窗口也随之转换为图形元件的舞台窗口。

（6）将"库"面板中的位图"02.png"拖曳到舞台窗口中适当的位置，效果如图 6-9 所示。使用相同的方法制作"元件 3"元件，效果如图 6-10 所示。

图 6-8　　　　　　　　图 6-9　　　　　　　　图 6-10

2．制作影片剪辑元件

（1）按 Ctrl+F8 组合键，弹出"创建新元件"对话框，在"名称"选项的文本框中输入"白云动"，在"类型"选项的下拉列表中选择"影片剪辑"选项，单击"确定"按钮，新建影片剪辑元件"白云动"，如图 6-11 所示，舞台窗口也随之转换为影片剪辑元件的舞台窗口。

（2）将"库"面板中的图形元件"白云"拖曳到舞台窗口的右侧，如图 6-12 所示。选中"图层 1"图层的第 50 帧，按 F6 键，插入关键帧，如图 6-13 所示。

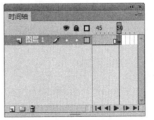

图 6-11　　　　　　　　图 6-12　　　　　　　　图 6-13

（3）在舞台窗口中将"白云"实例向左拖曳到适当的位置，如图 6-14 所示。选中"图层 1"图层的第 1 帧，选择"选择"工具 ![工具], 在舞台窗口中选中"白云"，如图 6-15 所示。在图形"属性"面板中选择"色彩效果"选项组，在"样式"选项的下拉列表中选择"Alpha"，将其值设为 0，如图 6-16 所示。

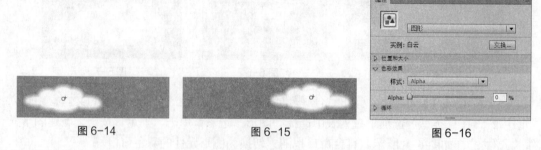

图 6-14   图 6-15   图 6-16

（4）选中"图层 1"图层的第 50 帧，在舞台窗口中选中"白云"实例，如图 6-17 所示。在图形"属性"面板中选择"色彩效果"选项组，在"样式"选项的下拉列表中选择"Alpha"，将其值设为 65，如图 6-18 所示。用鼠标右键单击第 1 帧，在弹出的菜单中选择"创建传统补间"命令，生成传统补间动画，如图 6-19 所示。

图 6-17   图 6-18   图 6-19

（5）在"库"面板下方单击"新建元件"按钮 ![按钮]，弹出"创建新元件"对话框，在"名称"选项的文本框中输入"太阳下落"，在"类型"选项的下拉列表中选择"影片剪辑"选项，单击"确定"按钮，新建影片剪辑元件"太阳下落"，如图 6-20 所示，舞台窗口也随之转换为影片剪辑元件的舞台窗口。

（6）将"库"面板中的图形元件"元件 3"拖曳到舞台窗口中，如图 6-21 所示。选中"图层 1"图层的第 50 帧，按 F6 键，插入关键帧，如图 6-22 所示。

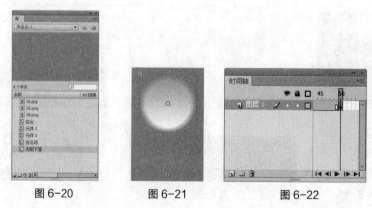

图 6-20   图 6-21   图 6-22

（7）在舞台窗口中将"元件 3"实例向下拖曳到适当的位置，如图 6-23 所示，并在图形"属性"面板中选择"色彩效果"选项组，在"样式"选项的下拉列表中选择"Alpha"，将其值设为 0，如图 6-24 所示。用鼠标右键单击第 1 帧，在弹出的菜单中选择"创建传统补间"命令，生成传统补间动画，如图 6-25 所示。

图 6-23　　　　　　　　　　图 6-24　　　　　　　　　　图 6-25

3．制作按钮元件

（1）在"库"面板下方单击"新建元件"按钮，弹出"创建新元件"对话框，在"名称"选项的文本框中输入"文字按钮"，在"类型"选项的下拉列表中选择"按钮"选项，单击"确定"按钮，新建按钮元件"文字按钮"，如图 6-26 所示，舞台窗口也随之转换为按钮元件的舞台窗口。

（2）按 Ctrl+R 组合键，在弹出的"导入到舞台"对话框中选择"Ch06 > 素材 > 制作美丽风景动画 > 04"文件，单击"打开"按钮，将文件导入到舞台窗口，并将其拖曳到适当的位置，如图 6-27 所示。

（3）选中"图层 1"的"指针经过"帧，按 F6 键，插入关键帧，如图 6-28 所示。选择"选择"工具，选中最顶层的文字，如图 6-29 所示。

图 6-26

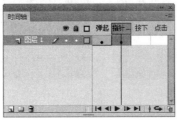

图 6-27　　　　　　　　　　图 6-28　　　　　　　　　　图 6-29

（4）多次按 Ctrl+B 组合键，将文字打散，如图 6-30 所示。在工具箱中将"填充颜色"设为橘黄色（#FFCC00），将文字更改为橘黄色，如图 6-31 所示。按 Ctrl+G 组合键，将文字组合，效果如图 6-32 所示。

图 6-30　　　　　　　　　　图 6-31　　　　　　　　　　图 6-32

4．在场景中编辑元件

（1）单击舞台窗口左上方的"场景 1"图标，进入"场景 1"的舞台窗口。将"图层1"重新命名为"底图"。将"库"面板中的位图"01"拖曳到舞台窗口的中心位置,效果如图6-33所示。

(2)单击"时间轴"面板下方的"新建图层"按钮 ,创建新图层并将其命名为"动画"。分别将"库"面板中的影片剪辑元件"白云动"、"太阳下落"和按钮元件"文字按钮"拖曳到舞台窗口中适当的位置并调整其大小,效果如图6-34所示。

图6-33

图6-34

(3)选择"选择"工具 ,在舞台窗口中选中"白云动"实例。按住 Alt 键的同时,用鼠标向右上拖曳"白云动"实例,将其复制两次并分别改变其大小。按住 Shift 键的同时,选中所有的"白云动"实例,效果如图6-35所示。

(4)单击"时间轴"面板下方的"新建图层"按钮 ,创建新图层并将其命名为"装饰图形"。将"库"面板中的位图"02"拖曳到舞台窗口中适当的位置,效果如图6-36所示。美丽风景动画效果制作完成,按 Ctrl+Enter 组合键即可查看效果。

图6-35

图6-36

6.1.2　元件的类型

1．图形元件

图形元件 一般用于创建静态图像或创建可重复使用的、与主时间轴关联的动画。它有自己的编辑区和时间轴。如果在场景中创建元件的实例,那么实例将受到主场景中时间轴的约束。换句话说,图形元件中的时间轴与其实例在主场景的时间轴同步。另外,在图形元件中可以使用矢量图、图像、声音和动画的元素,但不能为图形元件提供实例名称,也不能在动作脚本中引用图形元件,并且声音在图形元件中失效。

2．按钮元件

按钮元件 是创建能激发某种交互行为的按钮。创建按钮元件的关键是设置 4 种不同状态的帧,即"弹起"(鼠标抬起)、"指针经过"(鼠标移入)、"按下"(鼠标按下)、"点击"(鼠标响应区域,在这个区域创建的图形不会出现在画面中)。

3．影片剪辑元件

影片剪辑元件也像图形元件一样有自己的编辑区和时间轴，但又不完全相同。影片剪辑元件的时间轴是独立的，它不受其实例在主场景时间轴（主时间轴）的控制。比如，在场景中创建影片剪辑元件的实例，此时即便场景中只有一帧，在电影片段中也可播放动画。另外，在影片剪辑元件中可以使用矢量图、图像、声音、影片剪辑元件、图形组件和按钮组件等，并且能在动作脚本中引用影片剪辑元件。

6.1.3　创建图形元件

选择"插入 > 新建元件"命令或按 Ctrl+F8 组合键，弹出"创建新元件"对话框，在"名称"选项的文本框中输入"大象"，在"类型"选项的下拉列表中选择"图形"选项，如图 6-37 所示。

单击"确定"按钮，创建一个新的图形元件"大象"。图形元件的名称出现在舞台的左上方，舞台切换

图 6-37

到了图形元件"大象"的窗口，窗口中间出现十字"＋"，代表图形元件的中心定位点，如图 6-38 所示。在"库"面板中显示出图形元件，如图 6-39 所示。

选择"文件 > 导入 > 导入到舞台"命令，弹出"导入"对话框，在弹出的对话框中选择光盘中的"基础素材 > Ch06 > 01"文件，单击"打开"按钮，将素材导入到舞台，如图 6-40 所示，完成图形元件的创建。单击舞台窗口左上方的"场景 1"图标 场景1，就可以返回场景 1 的编辑舞台。

图 6-38　　　　　　　图 6-39　　　　　　　图 6-40

还可以应用"库"面板创建图形元件。单击"库"面板右上方的按钮 ，在弹出式菜单中选择"新建元件"命令，弹出"创建新元件"对话框，选中"图形"选项，单击"确定"按钮，创建图形元件。也可在"库"面板中创建按钮元件或影片剪辑元件。

6.1.4　创建按钮元件

Flash CS6 库中提供了一些简单的按钮，如果需要复杂的按钮，还是需要自己创建。

选择"插入 > 新建元件"命令，弹出"创建新元件"对话框，在"名称"选项的文本框中输入"表情"，在"类型"选项的下拉列表中选择"按钮"选项，如图 6-41 所示。

单击"确定"按钮，创建一个新的按钮元件"表情"。按钮元件的名称出现在舞台的左上方，舞台切换到了按钮元件"矩形"的窗口，窗口中间出现十字"＋"，代表按钮元件的中心

定位点。在"时间轴"窗口中显示出 4 个状态帧："弹起"、"指针经过"、"按下"、"点击"，如图 6-42 所示。

图 6-41 图 6-42

"弹起"帧：设置鼠标指针不在按钮上时按钮的外观。

"指针经过"帧：设置鼠标指针放在按钮上时按钮的外观。

"按下"帧：设置按钮被单击时的外观。

"点击"帧：设置响应鼠标单击的区域。此区域在影片里不可见。

"库"面板中的效果如图 6-43 所示。

选择"文件 > 导入 > 导入到舞台"命令，弹出"导入"对话框，在弹出的对话框中选择光盘中的"基础素材 > Ch06 > 02"文件，单击"打开"按钮，将素材导入到舞台，效果如图 6-44 所示。在"时间轴"面板中选中"指针经过"帧，按 F7 键，插入空白关键帧，如图 6-45 所示。

图 6-43 图 6-44 图 6-45

选择"文件 > 导入 > 导入到舞台"命令，弹出"导入"对话框，在弹出的对话框中选择光盘中的"基础素材 > Ch06 > 03"文件，单击"打开"按钮，将素材导入到舞台，效果如图 6-46 所示。在"时间轴"面板中选中"按下"帧，按 F7 键，插入空白关键帧，如图 6-47 所示。

选择"文件 > 导入 > 导入到舞台"命令，弹出"导入"对话框，在弹出的对话框中选择光盘中的"基础素材 > Ch06 > 04"文件，单击"打开"按钮，将素材导入到舞台，效果如图 6-48 所示。

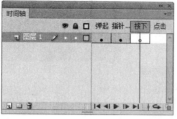

| 图 6-46 | 图 6-47 | 图 6-48 |

在"时间轴"面板中选中"点击"帧，按 F7 键，插入空白关键帧，如图 6-49 所示。选择"矩形"工具，在工具箱中将"笔触颜色"设为无，"填充颜色"设为黑色，按住 Shift 键的同时在中心点上绘制出 1 个矩形，作为按钮动画应用时鼠标响应的区域，如图 6-50 所示。

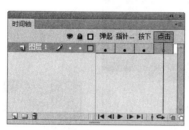

| 图 6-49 | 图 6-50 |

按钮元件制作完成，在各关键帧上，舞台中显示的图形如图 6-51 所示。单击舞台窗口左上方的"场景 1"图标 🎬 场景 1，就可以返回到场景 1 的编辑舞台。

（a）弹起关键帧　　　　（b）指针经过关键帧　　　　（c）按下关键帧　　　　（d）点击关键帧

图 6-51

6.1.5　创建影片剪辑元件

选择"插入 > 新建元件"命令，弹出"创建新元件"对话框，在"名称"选项的文本框中输入"字母变形"，在"类型"选项的下拉列表中选择"影片剪辑"选项，如图 6-52 所示。

单击"确定"按钮，创建一个影片剪辑元件"字母变形"。影片剪辑元件的名称出现在舞台的左上方，舞台切换到了影片剪辑元件"字母变形"的窗口，窗口中间出现十字"＋"，代表影片剪辑元件的中心定位点，如图 6-53 所示。在"库"面板中显示出影片剪辑元件，如图 6-54 所示。

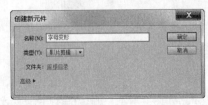

图 6-52   图 6-53   图 6-54

    选择"文本"工具 T，在文本工具"属性"面板中进行设置，在舞台窗口中适当的位置输入大小为 200，字体为"方正水黑简体"的绿色（#009900）字母，文字效果如图 6-55 所示。选择"选择"工具，选中字母，按 Ctrl+B 组合键，将其打散，效果如图 6-56 所示。在"时间轴"面板中选中第 20 帧，按 F7 键，在该帧上插入空白关键帧，如图 6-57 所示。

图 6-55   图 6-56   图 6-57

    选择"文本"工具 T，在文本工具"属性"面板中进行设置，在舞台窗口中适当的位置输入大小为 200，字体为"方正水黑简体"的橙黄色（#FF9900）字母，文字效果如图 6-58 所示。选择"选择"工具，选中字母，按 Ctrl+B 组合键，将其打散，效果如图 6-59 所示。

图 6-58   图 6-59

用鼠标右键点击第1帧，在弹出的菜单中选择"创建补间形状"命令，如图6-60所示，生成形状补间动画，如图6-61所示。

图 6-60

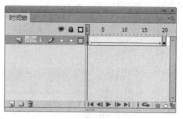
图 6-61

影片剪辑元件制作完成。在不同的关键帧上，舞台中显示出不同的变形图形，如图6-62所示。单击舞台左上方的场景名称"场景1"就可以返回到场景的编辑舞台。

（a）第1帧　　（b）第5帧　　（c）第10帧　　（d）第15帧　　（e）第20帧

图 6-62

6.1.6 转换元件

1．将图形转换为图形元件

如果在舞台上已经创建好矢量图形，并且以后还要应用，可将其转换为图形元件。

打开光盘中的基础素材"05"文件，选中矢量图形，如图6-63所示。

选择"修改 > 转换为元件"命令，或按F8键，弹出"转换为元件"对话框，在"名称"选项的文本框中输入要转换元件的名称，在"类型"下拉列表中选择"图形"元件，如图6-64所示，单击"确定"按钮，矢量图形被转换为图形元件，舞台和"库"面板中的效果如图6-65、图6-66所示。

图 6-63

图 6-64

图 6-65

图 6-66

2．设置图形元件的中心点

选中矢量图形，选择"修改 > 转换为元件"命令，弹出"转换为元件"对话框，在对话框的"对齐"选项后有 9 个中心定位点，可以用来设置转换元件的中心点。选中右下方的定位点，如图 6-67 所示，单击"确定"按钮，矢量图形转换为图形元件，元件的中心点在其右下方，如图 6-68 所示。

图 6-67   图 6-68

在"对齐"选项中设置不同的中心点，转换的图形元件效果如图 6-69 所示。

（a）中心点在左上方   （b）中心点在左下方   （c）中心点在右侧

图 6-69

3．转换元件类型

在制作的过程中，可以根据需要将一种类型的元件转换为另一种类型的元件。

选中"库"面板中的图形元件，如图 6-70 所示，单击面板下方的"属性"按钮，弹出"元件属性"对话框，在"类型"选项下拉列表中选择"影片剪辑"选项，如图 6-71 所示，单击"确定"按钮，图形元件转换为影片剪辑元件，如图 6-72 所示。

图 6-70   图 6-71   图 6-72

6.1.7　库面板的组成

打开 06 素材文件。选择"窗口 > 库"命令，或按 Ctrl+L 组合键，弹出"库"面板，如图 6-73 所示。

在"库"面板的上方显示出与"库"面板相对应的文档名称。在文档名称的下方显示预览区域，可以在此观察选定元件的效果。如果选定的元件为多帧组成的动画，在预览区域的右上方显示出两个按钮 ，如图 6-74 所示。单击"播放"按钮 ▶，可以在预览区域里播放动画。单击"停止"按钮 ■，停止播放动画。在预览区域的下方显示出当前"库"面板中的元件数量。

当"库"面板呈最大宽度显示时，将出现一些按钮。

图 6-73 　　　　　　　　　　　　图 6-74

"名称"按钮：单击此按钮，"库"面板中的元件将按名称排序，如图 6-75 所示。
"类型"按钮：单击此按钮，"库"面板中的元件将按类型排序，如图 6-76 所示。
"使用次数"按钮：单击此按钮，"库"面板中的元件将按被使用的次数排序。
"链接"按钮：与"库"面板弹出式菜单中"链接"命令的设置相关联。

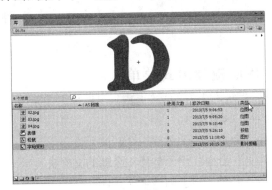

图 6-75 　　　　　　　　　　图 6-76

"修改日期"按钮：单击此按钮，"库"面板中的元件按照被修改的日期排序，如图 6-77 所示。

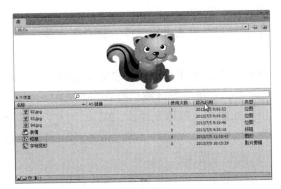

图 6-77

在"库"面板的下方有 4 个按钮。

"新建元件"按钮：用于创建元件。单击此按钮，弹出"创建新元件"对话框，可以通过设置创建新的元件，如图 6-78 所示。

"新建文件夹"按钮：用于创建文件夹。可以分门别类地建立文件夹，将相关的元件调入其中，以方便管理。单击此按钮，在"库"面板中生成新的文件夹，可以设定文件夹的名称，如图 6-79 所示。

"属性"按钮：用于转换元件的类型。单击此按钮，弹出"元件属性"对话框，可以将元件类型相互转换，如图 6-80 所示。

"删除"按钮：删除"库"面板中被选中的元件或文件夹。单击此按钮，所选的元件或文件夹被删除。

图 6-78

图 6-79

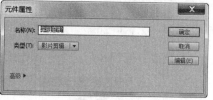

图 6-80

6.1.8　库面板弹出式菜单

单击"库"面板右上方的按钮，出现弹出式菜单，在菜单中提供了多个实用命令，如图 6-81 所示。

"新建元件"命令：用于创建一个新的元件。

"新建文件夹"命令：用于创建一个新的文件夹。

"新建字型"命令：用于创建字体元件。

"新建视频"命令：用于创建视频资源。

"重命名"命令：用于重新设定元件的名称。也可双击要重命名的元件，再更改名称。

"删除"命令：用于删除当前选中的元件。

"直接复制"命令：用于复制当前选中的元件。此命令不能用于复制文件夹。

"移至"命令：用于将选中的元件移动到新建的文件夹中。

"编辑"命令：选择此命令，主场景舞台被切换到当前选中元件舞台。

"编辑方式"命令：用于编辑所选位图元件。

"编辑 Audition"命令：用于打开 Adobe Audition 软件，对音频进行润饰、音乐自定、添加声音效果等操作。

图 6-81

"播放"命令：用于播放按钮元件或影片剪辑元件中的动画。

"更新"命令：用于更新资源文件。

"属性"命令：用于查看元件的属性或更改元件的名称和类型。

"组件定义"命令：用于介绍组件的类型、数值和描述语句等属性。

"运行时共享库 URL"命令：用于设置公用库的链接。

"选择未用项目"命令：用于选出在"库"面板中未经使用的元件。

"展开文件夹"命令：用于打开所选文件夹。

"折叠文件夹"命令：用于关闭所选文件夹。

"展开所有文件夹"命令：用于打开"库"面板中的所有文件夹。

"折叠所有文件夹"命令：用于关闭"库"面板中的所有文件夹。

"帮助"命令：用于调出软件的帮助文件。

"关闭"命令：选择此命令可以将库面板关闭。

"关闭组"命令：选择此命令将关闭组合后的面板组。

6.1.9　内置公用库及外部库的文件

1．内置公用库

Flash CS6 附带的内置公用库中包含一些范例，可以使用内置公用库向文档中添加按钮或声音。使用内置公用库资源可以优化动画制作者的工作流程和文件资源管理。

选择"窗口 > 公用库"命令，有 3 种公用库可供选择，如图 6-82 所示。在菜单中选择"Buttons"命令，弹出"外部库"面板，如图 6-83 所示。

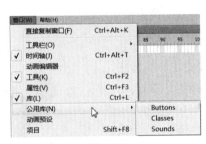

图 6-82

图 6-83

在按钮公用库中，"库"面板下方的按钮都为灰色不可用。不能直接修改公用库中的元件，将公用库中的元件调入舞台中或当前文档的库中即可进行修改。

2．外部库

可以在当前场景中使用其他 Flash CS6 文档的库信息。

选择"文件 > 导入 > 打开外部库"命令，弹出"作为库打开"对话框，在对话框中选中要使用的文件，如图 6-84 所示，单击"打开"按钮，选中文件的"库"面板被调入当前的文档中，如图 6-85 所示。

要在当前文档中使用选定文件库中的元件，可将元件拖曳到当前文档的"库"面板或舞台上。

图 6-84

图 6-85

6.2　实例的创建与应用

实例是元件在舞台上的一次具体使用。当修改元件时，该元件的实例也随之被更改。重复使用实例不会增加动画文件的大小，这是使动画文件保持较小体积的一个很好的方法。每一个实例都有区别于其他实例的属性，这可以通过修改该实例属性面板的相关属性来实现。

命令介绍

改变实例的颜色和透明效果：每个实例都有自己的颜色和透明度，要修改它们，可先在舞台中选择实例，然后修改属性面板中的相关属性。

分离实例：实例并不能像一般图形一样被单独修改填充色或线条。如果要对实例进行这些修改，必须将实例分离成图形，断开实例与元件之间的链接，可以用"分离"命令分离实例。在分离实例之后，若修改该实例的元件并不会更新这个元件的实例。

6.2.1　课堂案例——制作按钮实例

【案例学习目标】使用元件属性面板改变元件的属性。

【案例知识要点】使用任意变形工具调整元件的大小，使用元件属性面板调整元件的不透明度，如图 6-86 所示。

【效果所在位置】光盘/Ch06/效果/制作按钮实例.fla。

（1）打开光盘目录"Ch06 > 素材 > 制作按钮实例 > 制作按钮实例.fla"文件，如图 6-87 所示。单击"时间轴"面板下方的"新建图层"按钮，创建新图层并将其命名为"按钮"。按 Ctrl+L 组合键，调出"库"面板。将"库"面板中的按钮元件"按钮 1"拖曳到舞台窗口中适当的位置，效果如图 6-88 所示。

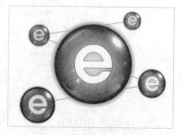

图 6-86

图 6-87

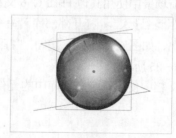

图 6-88

（2）选择"选择"工具 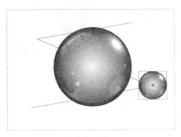，按住 Alt 键的同时，拖曳图形到适当的位置，复制图形。选择"任意变形"工具 ，按住 Shift 键的同时，向内拖曳控制点等比例缩小图形，并调整其位置，效果如图 6-89 所示。使用相同的方法将"库"面板中的"按钮 2""按钮 3""按钮 4"拖曳到舞台窗口中适当的位置，效果如图 6-90 所示。

图 6-89

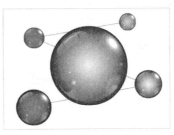
图 6-90

（3）单击"时间轴"面板下方的"新建图层"按钮 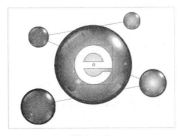，创建新图层并将其命名为"图形"。将"库"面板中的图形元件"e"拖曳到舞台窗口中的适当位置，如图 6-91 所示。选择"选择"工具 ，选中"e"实例，按住 Alt 键的同时，向右拖曳鼠标到适当的位置，复制图形。选择"任意变形"工具 ，等比例缩小图形，效果如图 6-92 所示。

图 6-91

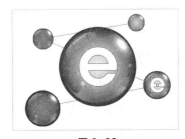
图 6-92

（4）在图形"属性"面板中，选择"色彩效果"选项组，在"样式"选项的下拉列表中选择"Alpha"，将其值设为 80，如图 6-93 所示，按 Enter 键，舞台窗口中效果如图 6-94 所示。使用相同的方法制作其他图形，效果如图 6-95 所示。

图 6-93

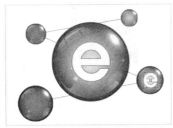
图 6-94

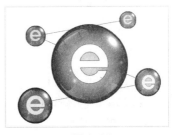
图 6-95

（5）单击"时间轴"面板下方的"新建图层"按钮 ，创建新图层并将其命名为"发光"。选择"椭圆"工具 ，在工具箱中将"笔触颜色"设为无，"填充颜色"设为灰色（#CCCCCC），按住 Shift 键的同时，在舞台窗口中绘制 1 个与按钮大小相等的圆形，效果如图 6-96 所示。

（6）选择"选择"工具 ，选中圆形，选择"修改 > 形状 > 柔化填充边缘"命令，弹出"柔化填充边缘"对话框，选项的设置如图 6-97 所示，单击"确定"按钮，效果如图 6-98 所示。

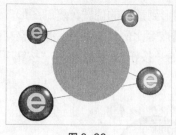

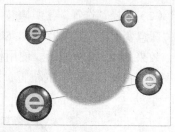

图 6-96　　　　　　　　图 6-97　　　　　　　　图 6-98

（7）将"发光"图层拖曳到"按钮"图层的下方，效果如图 6-99 所示。使用相同的方法制作其他图形，效果如图 6-100 所示。按钮实例制作完成，按 Ctrl+Enter 组合键即可查看效果。

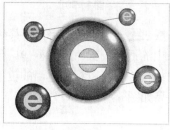

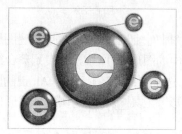

图 6-99　　　　　　　　　　　图 6-100

6.2.2　建立实例

1．建立图形元件的实例

选择"窗口 > 库"命令，弹出"库"面板，在面板中选中图形元件"松鼠"，如图 6-101 所示，将其拖曳到场景中，场景中的松鼠图形就是图形元件"松鼠"的实例，如图 6-102 所示。

选中该实例，图形"属性"面板中的效果如图 6-103 所示。

图 6-101　　　　　　　　图 6-102　　　　　　　　图 6-103

"交换"按钮 交换... ：用于交换元件。

"X"、"Y"选项：用于设置实例在舞台中的位置。

"宽"、"高"选项：用于设置实例的宽度和高度。

"色彩效果"选项组。

"样式"选项：用于设置实例的明亮度、色调和透明度。

"循环"选项组。

"循环"选项：会按照当前实例占用的帧数来循环包含在该实例内的所有动画序列。

"播放一次"选项：从指定的帧开始播放动画序列，直到动画结束，然后停止。

"单帧"选项：显示动画序列的一帧。

"第一帧"选项：用于指定动画从哪一帧开始播放。

2. 建立按钮元件的实例

选中"库"面板中的按钮元件"表情"，如图 6-104 所示，将其拖曳到场景中，场景中的图形就是按钮元件"表情"的实例，如图 6-105 所示。

选中该实例，按钮"属性"面板中的效果如图 6-106 所示。

| 图 6-104 | 图 6-105 | 图 6-106 |

"实例名称"选项：可以在选项的文本框中为实例设置一个新的名称。

"音轨"选项组中的"选项"。

"音轨作为按钮"：选择此选项，在动画运行中，当按钮元件被按下时画面上的其他对象不再响应鼠标操作。

"音轨作为菜单项"：选择此选项，在动画运行中，当按钮元件被按下时其他对象还会响应鼠标操作。

"滤镜"选项：可以为元件添加滤镜效果，并可以编辑所添加的滤镜效果。

按钮"属性"面板中的其他选项与图形"属性"面板中的选项作用相同，不再一一讲述。

3. 建立影片剪辑元件的实例

选中"库"面板中的影片剪辑元件"字母变形"，如图 6-107 所示，将其拖曳到场景中。场景中的字母图形就是影片剪辑元件"字母变形"的实例，如图 6-108 所示。

选中该实例，影片剪辑"属性"面板中的效果如图 6-109 所示。

 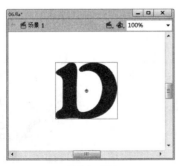 

| 图 6-107 | 图 6-108 | 图 6-109 |

影片剪辑"属性"面板中的选项与图形"属性"面板、按钮"属性"面板中的选项作用相同，不再一一讲述。

6.2.3　转换实例的类型

每个实例最初的类型，都是延续了其对应元件的类型。可以将实例的类型进行转换。

将图形元件拖曳到舞台中成为图形实例并选择图形实例，如图 6-110 所示，图形"属性"面板如图 6-111 所示。

图 6-110　　　　　　　　　　图 6-111

在"属性"面板的上方，选择"实例行为"选项下拉列表中的"影片剪辑"，如图 6-112 所示，图形"属性"面板转换为影片剪辑"属性"面板，实例类型从"图形"转换为"影片剪辑"，如图 6-113 所示。

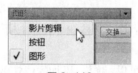 

图 6-112　　　　　　　　　　图 6-113

6.2.4　替换实例引用的元件

如果需要替换实例所引用的元件，但保留所有的原始实例属性（如色彩效果、按钮动作），可以通过 Flash 的"交换元件"命令来实现。

将图形元件拖曳到舞台中成为图形实例，选择图形"属性"面板，在"色彩效果"选项组中的"样式"选项下拉列表中选择"Alpha"选项，将其值设为 50，如图 6-114 所示，实例效果如图 6-115 所示。

图 6-114　　　　　　　　　　图 6-115

单击图形"属性"面板中的"交换元件" 交换... 按钮，弹出"交换元件"对话框，在对话框中选中按钮元件"按钮"，如图 6-116 所示，单击"确定"按钮，图形元件转换为按钮元件，实例的不透明度也跟着改变，如图 6-117 所示。

图形"属性"面板中的效果如图 6-118 所示，元件替换完成。

图 6-116

图 6-117

图 6-118

还可以在"交换元件"对话框中单击"复制元件"按钮 🔄，如图 6-119 所示，弹出"直接复制元件"对话框，在"元件名称"选项中可以设置复制元件的名称，如图 6-120 所示。

图 6-119

图 6-120

单击"确定"按钮，复制出新的元件"松鼠 副本"，如图 6-121 所示。

单击"确定"按钮，元件被新复制的元件替换，图形"属性"面板中的效果如图 6-122 所示。

图 6-121

图 6-122

6.2.5 改变实例的颜色和透明效果

在舞台中选中实例，选择"属性"面板，在"色彩效果"选项组中可见"样式"选项的下拉列表，如图 6-123 所示。

"无"选项：表示对当前实例不进行任何更改。如果对实例以前做的变化效果不满意，可以选择此选项，取消实例的变化效果，再重新设置新的效果。

"亮度"选项：用于调整实例的明暗对比度。

可以在"亮度数量"选项中直接输入数值，也可以拖动右侧的滑块来设置数值，如图 6-124 所示。其默认的数值为 0，取值范围为−100~100。当取值大于 0 时，实例变亮；当取值小于 0 时，实例变暗。

图 6-123　　　　　　　　　　　　　　图 6-124

输入不同数值，实例的亮度效果如图 6-125 所示。

（a）数值为 80 时　　（b）数值为 45 时　　（c）数值为 0 时　　（d）数值为−45 时　　（e）数值为−80 时

图 6-125

"色调"选项：用于为实例增加颜色，如图 6-126 所示。可以单击"样式"选项右侧的色块，在弹出的色板中选择要应用的颜色，如图 6-127 所示。应用颜色后实例效果如图 6-128 所示。

在色调选项右侧的"色彩数量"选项中设置数值，如图 6-129 所示，数值范围为 0~100。当数值为 0 时，实例颜色将不受影响；当数值为 100 时，实例的颜色将完全被所选颜色取代。也可以在"RGB"选项的数值框中输入数值来设置颜色。

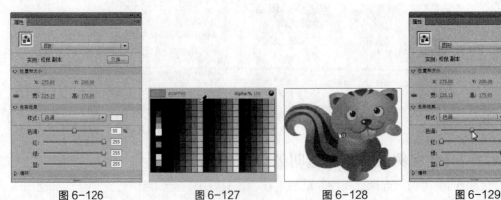

图 6-126　　　　　　图 6-127　　　　　　图 6-128　　　　　　图 6-129

"高级"选项：用于设置实例的颜色和透明效果，可以分别调节"红""绿""蓝"和"Alpha"的值。

在舞台中选中实例，如图 6-130 所示，在"样式"选项的下拉列表中选择"高级"选项，如图 6-131 所示，各个选项的设置如图 6-132 所示，效果如图 6-133 所示。

| 图 6-130 | 图 6-131 | 图 6-132 | 图 6-133 |

"Alpha"选项：用于设置实例的透明效果，如图 6-134 所示。数值范围为 0~100。数值为 0 时实例透明，数值为 100 时实例为实体。

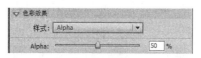

图 6-134

输入不同数值，实例的不透明度效果如图 6-135 所示。

（a）数值为 30 时　　（b）数值为 60 时　　（c）数值为 80 时　　（d）数值为 100 时

图 6-135

6.2.6　分离实例

选中实例，如图 6-136 所示。选择"修改 > 分离"命令，或按 Ctrl+B 组合键，将实例分离为图形，如图 6-137 所示。

图 6-136　　　　　　　　　　　图 6-137

6.2.7　元件编辑模式

元件创建完毕后常常需要修改，此时需要进入元件编辑状态，修改完元件后又需要退出元件编辑状态，进入主场景编辑动画。

121

第 6 章　元件和库

（1）进入组件编辑模式，可以通过以下几种方式。

在主场景中双击元件实例，进入元件编辑模式。

在"库"面板中双击要修改的元件，进入元件编辑模式。

在主场景中用鼠标右键单击元件实例，在弹出的菜单中选择"编辑"命令，进入元件编辑模式。

在主场景中选择元件实例后，选择"编辑 > 编辑元件"命令，进入元件编辑模式。

（2）退出元件编辑模式，可以通过以下几种方式。

单击舞台窗口左上方的场景名称，进入主场景窗口。

选择"编辑 > 编辑文档"命令，进入主场景窗口。

6.3　课堂练习——制作卡通插画

【练习知识要点】使用多角星形工具、椭圆工具和钢笔工具绘制星星笑脸，使用任意变形工具调整图形的大小，使用钢笔工具、柔化填充边缘命令制作月亮图形。

【素材所在位置】光盘/Ch06/素材/制作卡通插画/01、02。

【效果所在位置】光盘/Ch06/效果/制作卡通插画.fla，如图6-138所示。

图6-138

6.4　课后习题——制作动态按钮

【习题知识要点】使用矩形工具和颜色面板制作渐变背景，使用线条工具绘制直线，使用创建传统补间命令制作动画效果。

【素材所在位置】光盘/Ch05/素材/制作动态按钮/01~06。

【效果所在位置】光盘/Ch06/效果/制作动态按钮.fla，如图6-139所示。

图6-139

第 7 章
基本动画的制作

本章介绍

在 Flash CS6 动画的制作过程中，时间轴和帧起到了关键性的作用。本章将介绍动画中帧和时间轴的使用方法及应用技巧。读者通过学习要了解并掌握如何灵活地应用帧和时间轴，并根据设计需要制作出丰富多彩的动画效果。

学习目标

- 了解动画和帧的基本概念。
- 掌握逐帧动画的制作方法。
- 掌握形状补间动画的制作方法。
- 掌握传统补间动画的制作方法。
- 熟悉测试动画的方法。
- 了解 Deco 工具的使用方法。

技能目标

- 掌握"打字效果"的制作方法和技巧。
- 掌握"城市动画"的制作方法和技巧。
- 熟练掌握应用形状补间和传统补间命令创建动画的方法和技巧。

7.1 帧与时间轴

要将一幅静止的画面按照某种顺序快速地、连续地播放,需要用时间轴和帧来为它们完成时间和顺序的安排。

命令介绍

帧:动画是通过连续播放一系列静止画面,给视觉造成连续变化的效果。这一系列单幅的画面就叫帧,它是 Flash 动画中最小时间单位里出现的画面。

时间轴面板:它是实现动画效果最基本的面板。

7.1.1 课堂案例——制作打字效果

【案例学习目标】使用不同的绘图工具绘制图形,使用时间轴制作动画。

【案例知识要点】使用刷子工具绘制光标图形,使用文本工具添加文字,使用翻转帧命令将帧进行翻转,如图 7-1 所示。

【效果所在位置】光盘/Ch07/效果/制作打字效果.fla。

图 7-1

1. 导入图片并制作元件

(1)选择"文件 > 新建"命令,在弹出的"新建文档"对话框中选择"ActionScript 3.0"选项,将"宽度"选项设为 600,"高度"选项设为 424,将"背景颜色"选项设为白色,单击"确定"按钮,进入新建文档舞台窗口。

(2)选择"文件 > 导入 > 导入到库"命令,在弹出的"导入"对话框当中选择"Ch07 > 素材 > 制作打字效果 > 01"文件,单击"打开"按钮,文件被导入到"库"面板中,如图 7-2 所示。按 Ctrl+F8 组合键,弹出"创建新元件"对话框,在"名称"选项的文本框中输入"光标",在"类型"选项的下拉列表中选择"图形"选项,单击"确定"按钮,新建图形元件"光标",如图 7-3 所示,舞台窗口也随之转换为图形元件的舞台窗口。

图 7-2

图 7-3

(3)选择"刷子"工具,在刷子工具"属性"面板中将"平滑度"选项设为 0,在舞台窗口中绘制一条青色直线,效果如图 7-4 所示。

(4)按 Ctrl+F8 组合键,弹出"创建新元件"对话框,在"名称"选项的文本框中输入"文字动"，在"类型"选项的下拉列表中选择"影片剪辑"选项，单击"确定"按钮，新建影片剪辑元件"文字动"，如图 7-5 所示，舞台窗口也随之转换为影片剪辑元件的舞台窗口。

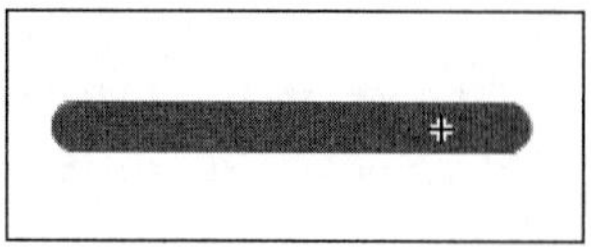

图 7-4   图 7-5

2．添加文字并制作打字效果

（1）将"图层 1"重新命名为"文字"。选择"文本"工具 T，在文本工具"属性"面板中进行设置，在舞台窗口中适当的位置输入大小为 13，字体为"方正艺黑简体"的青色（#0099FF）文字，文字效果如图 7-6 所示。

（2）单击"时间轴"面板下方的"新建图层"按钮，创建新图层并将其命名为"光标"。分别选中"文字"图层和"光标"图层的第 5 帧，按 F6 键，插入关键帧，如图 7-7 所示。将"库"面板中的图形元件"光标"拖曳到"光标"图层的舞台窗口中，选择"任意变形"工具，调整光标图形的大小，效果如图 7-8 所示。

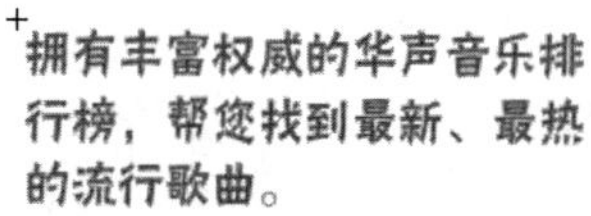

拥有丰富权威的华声音乐排行榜，帮您找到最新、最热的流行歌曲。

拥有丰富权威的华声音乐排行榜,帮您找到最新、最热的流行歌曲。

图 7-6   图 7-7 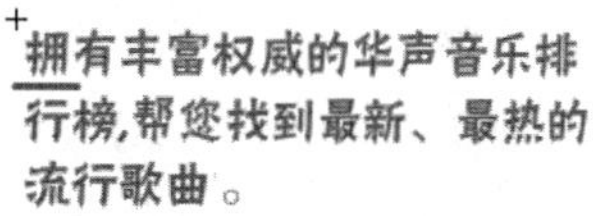   图 7-8

（3）选择"选择"工具，将光标拖曳到文字中句号的下方，如图 7-9 所示。选中"文字"图层的第 5 帧，选择"文本"工具 T，将光标上方的句号删除，效果如图 7-10 所示。分别选中"文字"图层和"光标"图层的第 10 帧，插入关键帧，如图 7-11 所示。

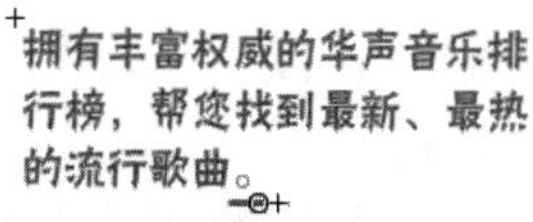

拥有丰富权威的华声音乐排行榜，帮您找到最新、最热的流行歌曲。

拥有丰富权威的华声音乐排行榜，帮您找到最新、最热的流行歌曲

图 7-9 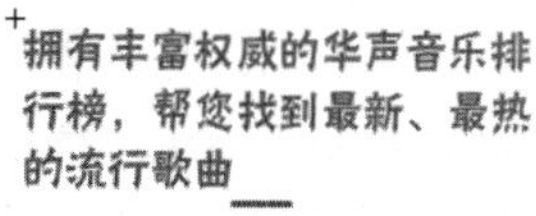   图 7-10 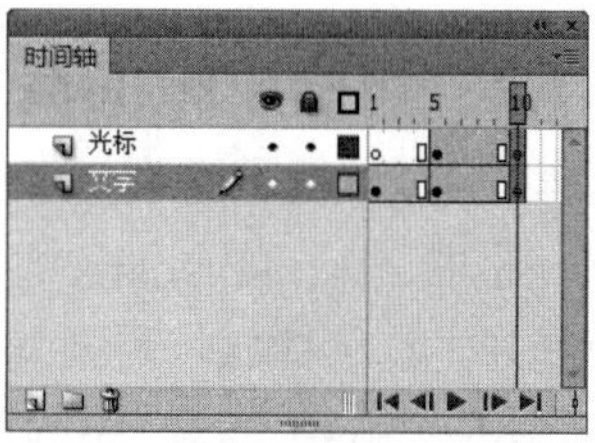   图 7-11

（4）选中"光标"图层的第 10 帧，将光标平移到文字中"曲"字的下方，如图 7-12 所示。选中"文字"图层的第 10 帧，将光标上方的"曲"字删除，效果如图 7-13 所示。

拥有丰富权威的华声音乐排
行榜，帮您找到最新、最热
的流行歌曲

拥有丰富权威的华声音乐排
行榜，帮您找到最新、最热
的流行歌

图 7-12　　　　　　　　　图 7-13

126

（5）用相同的方法，每间隔 5 帧插入一个关键帧，在插入的帧上将光标移动到前一个字的
下方，并删除该字，直到删除完所有的字，如图 7-14 所示，舞台窗口中效果如图 7-15 所示。

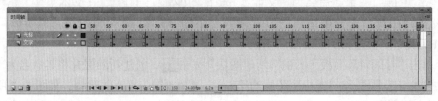

图 7-14　　　　　　　　　　　　　　　　　　　　　图 7-15

（6）按住 Shift 键的同时单击"文字"图层和"光标"图层的图层名称，选中两个图层中
的所有帧，选择"修改 > 时间轴 > 翻转帧"命令，对所有帧进行翻转，如图 7-16 所示。

图 7-16

（7）单击舞台窗口左上方的"场景 1"图标 ，进入"场景 1"的舞台窗口，将"图
层 1"重新命名为"底图"。将"库"面板中的位图"01"拖曳到舞台窗口的中心位置，效果
如图 7-17 所示。将"库"面板中的影片剪辑元件"文字动"拖曳到舞台窗口中适当的位置，
如图 7-18 所示。打字效果制作完成，按 Ctrl+Enter 组合键即可查看效果，如图 7-19 所示。

图 7-17　　　　　　　　　　图 7-18　　　　　　　　　　图 7-19

7.1.2　动画中帧的概念

医学证明，人类具有视觉暂留的特点，即人眼看到物体或画面后，在 1/24 秒内不会消失。
利用这一原理，在一幅画消失之前播放下一幅画，就会给人造成流畅的视觉变化效果。所以，
动画就是通过连续播放一系列静止画面，给视觉造成连续变化的效果。

在 Flash CS6 中，这一系列单幅的画面就叫帧，它是 Flash CS6 动画中最小时间单位里出
现的画面。每秒钟显示的帧数叫帧率，如果帧率太慢就会给人造成视觉上不流畅的感觉。所
以，按照人的视觉原理，一般将动画的帧率设为 24 帧/秒。

在 Flash CS6 中，动画制作的过程就是决定动画每一帧显示什么内容的过程。用户可以像

传统动画一样自己绘制动画的每一帧，即逐帧动画。但制作逐帧动画所需的工作量非常大，为此，Flash CS6 还提供了一种简单的动画制作方法，即采用关键帧处理技术的插值动画。插值动画又分为运动动画和变形动画两种。

制作插值动画的关键是绘制动画的起始帧和结束帧，中间帧的效果由 Flash CS6 自动计算得出。为此，在 Flash CS6 中提供了关键帧、过渡帧、空白关键帧的概念。关键帧描绘动画的起始帧和结束帧。当动画内容发生变化时必须插入关键帧，即使是逐帧动画也要为每个画面创建关键帧。关键帧有延续性，开始关键帧中的对象会延续到结束关键帧。过渡帧是动画起始、结束关键帧中间系统自动生成的帧。空白关键帧是不包含任何对象的关键帧。因为 Flash CS6 只支持在关键帧中绘画或插入对象，所以，当动画内容发生变化而又不希望延续前面关键帧的内容时需要插入空白关键帧。

7.1.3 帧的显示形式

在 Flash CS6 动画制作过程中，帧包括下述多种显示形式。

1．空白关键帧

在时间轴中，白色背景带有黑圈的帧为空白关键帧，表示在当前舞台中没有任何内容，如图 7-20 所示。

2．关键帧

在时间轴中，灰色背景带有黑点的帧为关键帧。表示在当前场景中存在一个关键帧，在关键帧相对应的舞台中存在一些内容，如图 7-21 所示。

在时间轴中，存在多个帧。带有黑色圆点的第 1 帧为关键帧，最后一帧上面带有黑的矩形框，为普通帧。除了第 1 帧以外，其他帧均为普通帧，如图 7-22 所示。

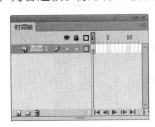
图 7-20

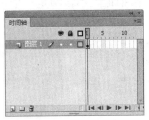
图 7-21

图 7-22

3．传统补间帧

在时间轴中，带有黑色圆点的第 1 帧和最后一帧为关键帧，中间蓝色背景带有黑色箭头的帧为补间帧，如图 7-23 所示。

4．形状补间帧

在时间轴中，带有黑色圆点的第 1 帧和最后一帧为关键帧，中间绿色背景带有黑色箭头的帧为补间帧，如图 7-24 所示。

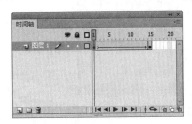
图 7-23

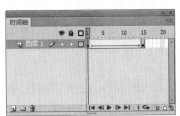
图 7-24

在时间轴中，帧上出现虚线，表示是未完成或中断了的补间动画，虚线表示不能够生成补间帧，如图7-25所示。

5. 包含动作语句的帧

在时间轴中，第1帧上出现一个字母"a"，表示这一帧中包含了使用"动作"面板设置的动作语句，如图7-26所示。

图7-25

图7-26

6. 帧标签

在时间轴中，第1帧上出现一只红旗，表示这一帧的标签类型是名称。红旗右侧的"wo"是帧标签的名称，如图7-27所示。

在时间轴中，第1帧上出现两条绿色斜杠，表示这一帧的标签类型是注释，如图7-28所示。帧注释是对帧的解释，帮助理解该帧在影片中的作用。

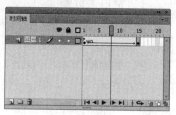

图7-27

在时间轴中，第1帧上出现一个金色的锚，表示这一帧的标签类型是锚记，如图7-29所示。帧锚记表示该帧是一个定位，方便浏览者在浏览器中快进、快退。

图7-28

图7-29

7.1.4 时间轴面板

"时间轴"面板由图层面板和时间轴组成，如图7-30所示。

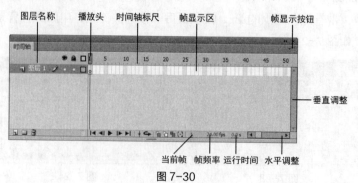

图7-30

眼睛图标 👁：单击此图标，可以隐藏或显示图层中的内容。

锁状图标 🔒：单击此图标，可以锁定或解锁图层。

线框图标 🔲：单击此图标，可以将图层中的内容以线框的方式显示。

"新建图层"按钮 🔲：用于创建图层。

"新建文件夹"按钮 🔲：用于创建图层文件夹。

"删除"按钮 🗑：用于删除无用的图层。

7.1.5 绘图纸（洋葱皮）功能

一般情况下，Flash CS6 的舞台只能显示当前帧中的对象。如果希望在舞台上出现多帧对象以帮助当前帧对象的定位和编辑，Flash CS6 提供的绘图纸（洋葱皮）功能可以将其实现。

打开光盘中的"基础素材 > Ch07 > 01"文件。在时间轴面板下方的按钮功能如下。

"帧居中"按钮 🔲：单击此按钮，播放头所在帧会显示在时间轴的中间位置。

"绘图纸外观"按钮 🔲：单击此按钮，时间轴标尺上出现绘图纸的标记显示，如图 7-31 所示，在标记范围内的帧上的对象将同时显示在舞台中，如图 7-32 所示。可以用鼠标拖曳标记点来增加显示的帧数，如图 7-33 所示。

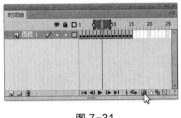

图 7-31

图 7-32

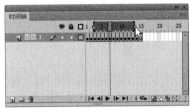

图 7-33

"绘图纸外观轮廓"按钮 🔲：单击此按钮，时间轴标尺上出现绘图纸的标记显示，如图 7-34 所示，在标记范围内的帧上的对象将以轮廓线的形式同时显示在舞台中，如图 7-35 所示。

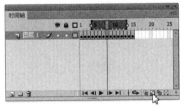

图 7-34

图 7-35

"编辑多个帧"按钮 🔲：单击此按钮，如图 7-36 所示，绘图纸标记范围内的帧上的对象将同时显示在舞台中，可以同时编辑所有的对象，如图 7-37 所示。

"修改绘图纸标记"按钮 🔲：单击此按钮，弹出下拉菜单，如图 7-38 所示。

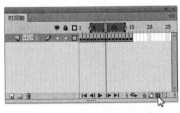

图 7-36

图 7-37

图 7-38

"始终显示标记"命令：在时间轴标尺上总是显示出绘图纸标记。

"锚定标记"命令：将锁定绘图纸标记的显示范围，移动播放头将不会改变显示范围，如图 7-39 所示。

"标记范围 2"命令：绘图纸标记显示范围为从当前帧的前 2 帧开始，到当前帧的后 2 帧结束，如图 7-40 所示，图形显示效果如图 7-41 所示。

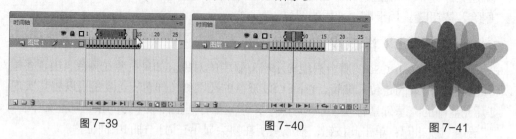

图 7-39   图 7-40   图 7-41

"标记范围 5"命令：绘图纸标记显示范围为从当前帧的前 5 帧开始，到当前帧的后 5 帧结束，如图 7-42 所示，图形显示效果如图 7-43 所示。

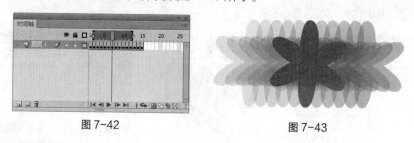

图 7-42   图 7-43

"标记整个范围"命令：绘图纸标记显示范围为时间轴中的所有帧，如图 7-44 所示，图形显示效果如图 7-45 所示。

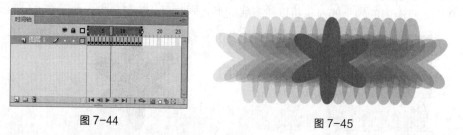

图 7-44   图 7-45

7.1.6　在时间轴面板中设置帧

在时间轴面板中，可以对帧进行一系列的操作。

1．插入帧

选择"插入 > 时间轴 > 帧"命令，或按 F5 键，可以在时间轴上插入一个普通帧。

选择"插入 > 时间轴 > 关键帧"命令，或按 F6 键，可以在时间轴上插入一个关键帧。

选择"插入 > 时间轴 > 空白关键帧"命令，可以在时间轴上插入一个空白关键帧。

2．选择帧

选择"编辑 > 时间轴 > 选择所有"命令，选中时间轴中的所有帧。

单击要选的帧，帧变为蓝色。

用鼠标选中要选择的帧，再向前或向后进行拖曳，其间鼠标经过的帧全部被选中。

按住 Ctrl 键的同时，用鼠标单击要选择的帧，可以选择多个不连续的帧。

按住 Shift 键的同时，用鼠标单击要选择的两个帧，这两个帧中间的所有帧都被选中。

3．移动帧

选中一个或多个帧，按住鼠标，移动所选帧到目标位置。在移动过程中，如果按住 Alt 键，会在目标位置上复制出所选的帧。

选中一个或多个帧，选择"编辑 > 时间轴 > 剪切帧"命令，或按 Ctrl+Alt+X 组合键，剪切所选的帧；选中目标位置，选择"编辑 > 时间轴 > 粘贴帧"命令，或按 Ctrl+Alt+V 组合键，在目标位置上粘贴所选的帧。

4．删除帧

用鼠标右键单击要删除的帧，在弹出的菜单中选择"清除帧"命令。

选中要删除的普通帧，按 Shift+F5 组合键，删除帧。选中要删除的关键帧，按 Shift+F6 组合键，删除关键帧。

知识提示　　在 Flash CS6 系统默认状态下，时间轴面板中每一个图层的第 1 帧都被设置为关键帧。后面插入的帧将拥有第 1 帧中的所有内容。

7.2　动画的创建

应用帧可以制作帧动画或逐帧动画，利用在不同帧上设置不同的对象来实现动画效果。

形状补间动画是使图形形状发生变化的动画，它所处理的对象必须是舞台上的图形。

动作补间动画所处理的对象必须是舞台上的组件实例、多个图形的组合、文字、导入的素材对象。利用这种动画，可以实现上述对象的大小、位置、旋转、颜色及透明度等变化效果。色彩变化动画是指对象没有动作和形状上的变化，只是在颜色上产生了变化。

命令介绍

逐帧动画：制作类似传统动画，每一个帧都是关键帧，整个动画是通过关键帧的不断变化产生的，不依靠 Flash CS6 的运算。需要绘制每一个关键帧中的对象，每个帧都是独立的，在画面上可以是互不相关的。

形状补间动画：可以实现由一种形状变换成另一种形状。

变形提示：如果对系统生成的变形效果不是很满意，也可应用 Flash CS6 中的变形提示点，自行设定变形效果。

动作补间动画：是指对象在位置上产生的变化。

7.2.1　课堂案例——制作城市动画

【案例学习目标】使用创建传统补间命令制作动画。

【案例知识要点】使用任意变形工具调整车轮大小，使用"属性"面板设置图形的不透明度和缓动效果，使用创建传统补间命令制作汽车动画效果，如图 7-46 所示。

【效果所在位置】光盘/Ch07/效果/制作城市动画.fla。

图 7-46

1．导入图形制作汽车动画

（1）选择"文件 > 新建"命令，在弹出的"新建文档"对话框中选择"ActionScript 3.0"选项，单击"确定"按钮，进入新建文档舞台窗口。按 Ctrl+F3

组合键,弹出文档"属性"面板,单击面板中的"编辑文档属性"按钮🔧,弹出"文档设置"对话框,将"宽度"选项设为600,"高度"选项设为424,将"背景颜色"选项设为青色(#33CCFF),单击"确定"按钮,改变舞台窗口的大小和颜色。

(2)选择"文件 > 导入 > 导入到库"命令,在弹出的"导入到库"对话框中选择"Ch07 > 素材 > 制作城市动画 > 01、02、03、04、05"文件,单击"打开"按钮,图片被导入到"库"面板中,如图7-47所示。

(3)在"库"面板下方单击"新建元件"按钮🔳,弹出"创建新元件"对话框,在"名称"选项的文本框中输入"车轮",在"类型"选项下拉列表中选择"图形"选项,如图7-48所示,单击"确定"按钮,新建图形元件"车轮",如图7-49所示。舞台窗口也随之转换为图形元件的舞台窗口。

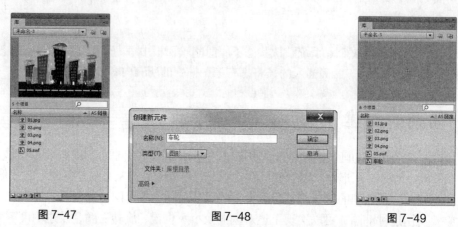

图7-47　　　　　　　　图7-48　　　　　　　　图7-49

(4)将"库"面板中的位图"04.png"拖曳到舞台窗口中适当的位置,效果如图7-50所示。在"库"面板下方单击"新建元件"按钮🔳,弹出"创建新元件"对话框,在"名称"选项的文本框中输入"车轮动2",在"类型"选项的下拉列表中选择"影片剪辑"选项,如图7-51所示,单击"确定"按钮,新建影片剪辑元件"车轮动2",如图7-52所示,舞台窗口也随之转换为影片剪辑元件的舞台窗口。

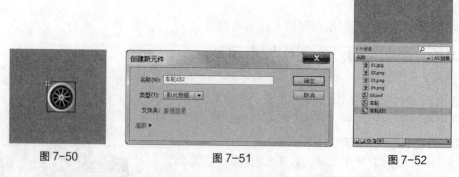

图7-50　　　　　　　　图7-51　　　　　　　　图7-52

(5)将"库"面板中的图形元件"车轮"拖曳到舞台窗口中的适当位置,如图7-53所示。选中"图层1"的第10帧,按F6键,插入关键帧,如图7-54所示。

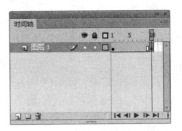

图 7-53   图 7-54

（6）用鼠标右键单击"图层 1"的第 1 帧，在弹出的菜单中选择"创建传统补间"命令，生成传统补间动画，如图 7-55 所示。在帧"属性"面板中选择"补间"选项组，在"旋转"下拉列表中选择"顺时针"，如图 7-56 所示。使用相同的方法制作另外一个车轮（只需将属性面板中的旋转改为逆时针即可）。

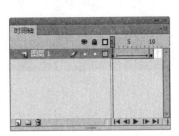

图 7-55   图 7-56

（7）在"库"面板下方单击"新建元件"按钮，弹出"创建新元件"对话框，在"名称"选项的文本框中输入"小车动"，在"类型"选项的下拉列表中选择"影片剪辑"选项，单击"确定"按钮，新建影片剪辑元件"小车动"，如图 7-57 所示，舞台窗口也随之转换为影片剪辑元件的舞台窗口。将"库"面板中的位图"03.png"拖曳到舞台窗口中适当的位置，效果如图 7-58 所示。

图 7-57   图 7-58

（8）将"库"面板中的影片剪辑元件"车轮动"拖曳到舞台窗口中，选择"任意变形"工具，调整其大小和位置，效果如图 7-59 所示。选择"选择"工具，选中"车轮动"实例，按住 Alt+Shift 组合键的同时，水平向右拖曳鼠标到适当的位置，复制图形，效果如图 7-60 所示。使用相同的方法制作"小车动 2"元件，效果如图 7-61 所示。

图 7-59 图 7-60 图 7-61

2．在舞台窗口中编辑元件

（1）单击舞台窗口左上方的"场景 1"图标，进入"场景 1"的舞台窗口。将"图层 1"重新命名为"底图"，如图 7-62 所示。将"库"面板中的位图"01.png"拖曳到舞台窗口的中心位置，效果如图 7-63 所示。选中"底图"图层的第 142 帧，按 F5 键，插入帧。

图 7-62 图 7-63

（2）在"时间轴"面板中创建新图层并将其命名为"小车动"。选中"小车动"图层的第 1 帧。将"库"面板中的影片剪辑元件"小车动"拖曳到舞台窗口的适当位置，如图 7-64 所示。选中"小车动"图层的第 38 帧，按 F6 键，插入关键帧。选择"选择"工具，选中"小车动"实例，按 Shift 键的同时，水平向左拖曳鼠标到适当的位置，如图 7-65 所示。

图 7-64 图 7-65

（3）选中"小车动"图层的第 50 帧，按 F6 键，插入关键帧，如图 7-66 所示。选择"选择"工具，选中"小车动"实例，按 Shift 键的同时，水平向左拖曳鼠标到适当的位置，如图 7-67 所示。

图 7-66 图 7-67

（4）用鼠标右键分别单击第 1 帧和第 38 帧，在弹出的菜单中选择"创建传统补间"命令，生成传统补间动画，如图 7-68 所示。选中"小车动"图层的第 38 帧，在帧"属性"面板中选择"补间"选项组，将"缓动"选项设为-15，如图 7-69 所示。

图 7-68　　　　　　　　　　　图 7-69

（5）分别选中"小车动"图层的第 72 帧和 125 帧，按 F6 键，插入关键帧，如图 7-70 所示。选择第 125 帧，选择"选择"工具 ，选中"小车动"实例，按 Shift 键的同时，水平向左拖曳鼠标到适当的位置，如图 7-71 所示。

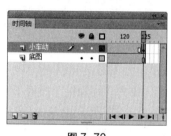

图 7-70　　　　　　　　　　　图 7-71

（6）用鼠标右键单击"小车动"图层的第 72 帧，在弹出的菜单中选择"创建传统补间"命令，生成传统补间动画，如图 7-72 所示。在帧"属性"面板中选择"补间"选项组，将"缓动"选项设为-100，如图 7-73 所示。

图 7-72　　　　　　　　　　　图 7-73

（7）单击"时间轴"面板下方的"新建图层"按钮 ，创建新图层并将其命名为"文字"。选中"文字"图层的第 50 帧，按 F7 键，插入空白关键帧，如图 7-74 所示。将"库"面板中的图形元件"05.swf"拖曳到舞台窗口中，选择"任意变形"工具 ，调整其大小和位置，效果如图 7-75 所示。

图 7-74 图 7-75

（8）分别选中"文字"图层的第 58 帧、第 72 帧和 85 帧，按 F6 键，插入关键帧，如图 7-76 所示。分别选中第 50 帧和 85 帧，在图形"属性"面板中选择"色彩效果"选项组，在"样式"选项的下拉列表中选择"Alpha"，将其值设为 0，如图 7-77 所示。

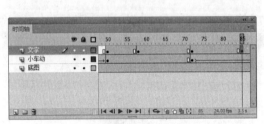

图 7-76 图 7-77

（9）用鼠标右键分别单击"文字"图层的第 50 帧和第 72 帧，在弹出的菜单中选择"创建传统补间"命令，生成传统补间动画，如图 7-78 所示。单击"时间轴"面板下方的"新建图层"按钮，创建新图层并将其命名为"车轮"。选中"文字"图层的第 50 帧，按 F7 键，插入空白关键帧，如图 7-79 所示。

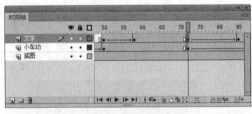

图 7-78 图 7-79

（10）将"库"面板中的图形元件"车轮"拖曳到舞台窗口中，选择"任意变形"工具，调整其大小和位置，效果如图 7-80 所示。选择"选择"工具，选中"车轮"实例，按 Alt+Shift 组合键的同时，水平向右拖曳鼠标到适当的位置，复制图形，效果如图 7-81 所示。选中"文字"图层的第 72 帧，按 F7 键，插入空白关键帧，如图 7-82 所示。

图 7-80 图 7-81 图 7-82

（11）在"时间轴"面板中创建新图层并将其命名为"小车动 2"。将"库"面板中的影片剪辑元件"小车动 2"拖曳到舞台窗口的适当位置，如图 7-83 所示。选中"小车动 2"图层的第 125 帧，按 F6 键，插入关键帧，选择"选择"工具 ，选中"小车动 2"实例，按 Shift 键的同时，水平向右拖曳鼠标到适当的位置，效果如图 7-84 所示。

图 7-83　　　　　　　　　　　图 7-84

（12）用鼠标右键单击"小车动 2"图层的第 1 帧，在弹出的菜单中选择"创建传统补间"命令，生成传统补间动画，如图 7-85 所示。城市动画效果制作完成，按 Ctrl+Enter 组合键即可查看效果，如图 7-86 所示。

图 7-85　　　　　　　　　　　图 7-86

7.2.2　帧动画

选择"文件 > 打开"命令，将"基础素材 > Ch07 > 02.fla"文件打开，如图 7-87 所示。选中"气球"图层的第 5 帧，按 F6 键，插入关键帧。选择"选择"工具 ，在舞台窗口中将"气球"图形向左上方拖曳到适当的位置，效果如图 7-88 所示。

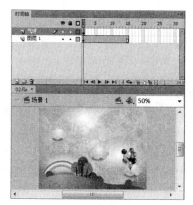

图 7-87　　　　　　　　　　　图 7-88

选中"气球"图层的第 10 帧，按 F6 键，插入关键帧，如图 7-89 所示，将"气球"图形向左上方拖曳到适当的位置，效果如图 7-90 所示。

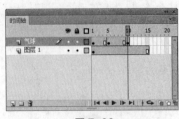

图 7-89

图 7-90

选中"气球"图层的第 15 帧，按 F6 键，插入关键帧，如图 7-91 所示，将"球"图形向右拖曳到适当的位置，效果如图 7-92 所示。

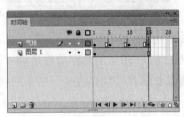

图 7-91

图 7-92

按 Enter 键，让播放头进行播放，即可观看制作效果。在不同的关键帧上动画显示的效果如图 7-93 所示。

（a）第 1 帧

（b）第 5 帧

（c）第 10 帧

（d）第 15 帧

图 7-93

7.2.3 逐帧动画

新建空白文档，选择"文本"工具 T ，在第 1 帧的舞台中输入文字"事"字，如图 7-94 所示。在时间轴面板中选中第 2 帧，如图 7-95 所示。按 F6 键，插入关键帧，如图 7-96 所示。

图 7-94

图 7-95

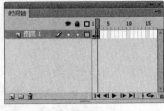

图 7-96

在第 2 帧的舞台中输入"业"字，如图 7-97 所示。用相同的方法在第 3 帧上插入关键帧，在舞台中输入"有"字，如图 7-98 所示。在第 4 帧上插入关键帧，在舞台中输入"成"字，如图 7-99 所示。按 Enter 键，让播放头进行播放，即可观看制作效果。

事业　　　　　事业有　　　　事业有成

图 7-97 　　　　　　　　图 7-98 　　　　　　　图 7-99

　　还可以通过从外部导入图片组来实现逐帧动画的效果。

　　选择"文件 > 导入 > 导入到舞台"命令，弹出"导入"对话框，在对话框中选中素材文件，如图 7-100 所示，单击"打开"按钮，弹出提示对话框，询问是否将图像序列中的所有图像导入，如图 7-101 所示。

　　单击"是"按钮，将图像序列导入到舞台中，如图 7-102 所示。按 Enter 键，让播放头进行播放，即可观看制作效果。

图 7-100

图 7-101

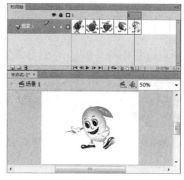

图 7-102

7.2.4　简单形状补间动画

　　如果舞台上的对象是组件实例、多个图形的组合、文字、导入的素材对象，必须先分离或取消组合，将其打散成图形，才能制作形状补间动画。利用这种动画，也可以实现上述对象的大小、位置、旋转、颜色及透明度等的变化。

　　选择"文件 > 导入 > 导入到舞台"命令，将"03.ai"文件导入到舞台的第 1 帧中。多次按 Ctrl+B 组合键，将其打散，如图 7-103 所示。

　　选中"图层 1"的第 10 帧，按 F7 键，插入空白关键帧，如图 7-104 所示。

图 7-103

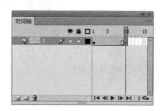

图 7-104

选择"文件 > 导入 > 导入到库"命令，将"04.ai"文件导入到库中。将"库"面板中的图形元件"04"拖曳到第10帧的舞台窗口中，多次按Ctrl+B组合键，将其打散，如图7-105所示。

用鼠标右键单击第1帧，在弹出的菜单中选择"创建补间形状"命令，如图7-106所示。

设为"形状"后，"属性"面板中出现如下两个新的选项。

"缓动"选项：用于设定变形动画从开始到结束时的变形速度，其取值范围为-100~100。当选择正数时，变形速度呈减速度，即开始时速度快，然后逐渐速度减慢；当选择负数时，变形速度呈加速度，即开始时速度慢，然后逐渐速度加快。

"混合"选项：提供了"分布式"和"角形"两个选项。选择"分布式"选项可以使变形的中间形状趋于平滑。"角形"选项则创建包含角度和直线的中间形状。

设置完成后，在"时间轴"面板中，第1帧到第10帧之间出现绿色的背景和黑色的箭头，表示生成形状补间动画，如图7-107所示。按Enter键，让播放头进行播放，即可观看制作效果。

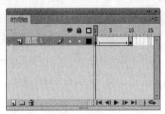

图7-105　　　　　图7-106　　　　　图7-107

在变形过程中每一帧上的图形都发生不同的变化，如图7-108所示。

（a）第1帧　　（b）第3帧　　（c）第5帧　　（d）第7帧　　（e）第10帧

图7-108

7.2.5 应用变形提示

使用变形提示，可以让原图形上的某一点变换到目标图形的某一点上。应用变形提示可以制作出各种复杂的变形效果。

使用"多角星形"工具在第1帧的舞台中绘制出1个五角星，如图7-109所示。选中第10帧，按F7键，插入空白关键帧，如图7-110所示。

选择"文本"工具，在文本工具"属性"面板中进行设置，在舞台窗口中适当的位置输入大小为200，字体为"汉仪超粗黑简"的青色（＃#0099FF）文字，效果如图7-111所示。

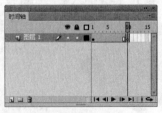

图7-109　　　　　图7-110　　　　　图7-111

选择"选择"工具 ，选择字母"A"，按 Ctrl+B 组合键，将其打散，效果如图 7-112 所示。用鼠标右键单击第 1 帧，在弹出的菜单中选择"创建补间形状"命令，如图 7-113 所示，在"时间轴"面板中，第 1 帧至第 10 帧之间出现绿色的背景和黑色的箭头，表示生成形状补间动画，如图 7-114 所示。

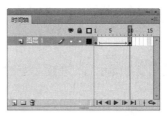

图 7-112 　　　　　　图 7-113 　　　　　　图 7-114

将"时间轴"面板中的播放头放在第 1 帧上，选择"修改 > 形状 > 添加形状提示"命令，或按 Ctrl+Shift+H 组合键，在五角星的中间出现红色的提示点"a"，如图 7-115 所示。将提示点移动到五角星上方的角点上，如图 7-116 所示。将"时间轴"面板中的播放头放在第 10 帧上，第 10 帧的字母上也出现红色的提示点"a"，如图 7-117 所示。

图 7-115 　　　　　　图 7-116 　　　　　　图 7-117

将字母上的提示点移动到右下方的边线上，提示点从红色变为绿色，如图 7-118 所示。这时，再将播放头放置在第 1 帧上，可以观察到刚才红色的提示点变为黄色，如图 7-119 所示，这表示在第 1 帧中的提示点和第 10 帧的提示点已经相互对应。

用相同的方法在第 1 帧的五角星中再添加 2 个提示点，分别为"b"、"c"，并将其放置在五角星的角点上，如图 7-120 所示。在第 10 帧中，将提示点按顺时针的方向分别设置在字母的边线上，如图 7-121 所示。完成提示点的设置，按 Enter 键，让播放头进行播放，即可观看效果。

图 7-118 　　　　图 7-119 　　　　图 7-120 　　　　图 7-121

形状提示点一定要按顺时针的方向添加，顺序不能错，否则无法实现效果。

在未使用变形提示前，Flash CS6 系统自动生成的图形变化过程如图 7-122 所示。

（a）第1帧　　（b）第3帧　　（c）第5帧　　（d）第7帧　　（e）第10帧

图 7-122

在使用变形提示后，在提示点的作用下生成的图形变化过程如图 7-123 所示。

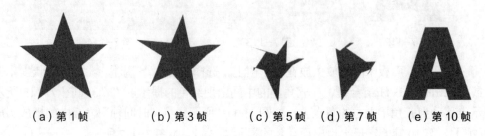

（a）第1帧　　（b）第3帧　　（c）第5帧　　（d）第7帧　　（e）第10帧

图 7-123

7.2.6　创建传统补间

新建空白文档，选择"文件 > 导入 > 导入到库"命令，将"06"文件导入到"库"面板中，如图 7-124 所示，将 06 元件拖曳到舞台的右方，如图 7-125 所示。

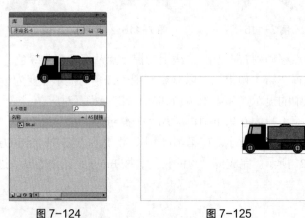

图 7-124　　　　　　　　　　　　图 7-125

选中第 10 帧，按 F6 键，插入关键帧，如图 7-126 所示。将图形拖曳到舞台的左方，如图 7-127 所示。

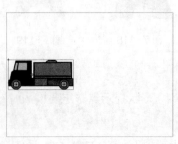

图 7-126　　　　　　　　　　　图 7-127

用鼠标右键单击第 1 帧，在弹出的菜单中选择"创建传统补间"命令，创建传统补间动画。

设为"动画"后，"属性"面板中出现多个新的选项，如图 7-128 所示。

"缓动"选项：用于设定动作补间动画从开始到结束时的运动速度。其取值范围为-100～100。当选择正数时，运动速度呈减速度，即开始时速度快，然后逐渐速度减慢；当选择负数时，运动速度呈加速度，即开始时速度慢，然后逐渐速度加快。

"旋转"选项：用于设置对象在运动过程中的旋转样式和次数。

"贴紧"选项：勾选此选项，如果使用运动引导动画，则根据对象的中心点将其吸附到运动路径上。

"调整到路径"选项：勾选此选项，对象在运动引导动画过程中，可以根据引导路径的曲线改变变化的方向。

"同步"选项：勾选此选项，如果对象是一个包含动画效果的图形组件实例，其动画和主时间轴同步。

"缩放"选项：勾选此选项，对象在动画过程中可以改变比例。

在"时间轴"面板中，第 1 帧至第 10 帧出现紫色的背景和黑色的箭头，表示生成传统补间动画，如图 7-129 所示，完成动作补间动画的制作。按 Enter 键，让播放头进行播放，即可观看制作效果。

图 7-128

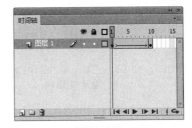

图 7-129

如果想观察制作的动作补间动画中每 1 帧产生的不同效果，可以单击"时间轴"面板下方的"绘图纸外观"按钮，并将标记点的起始点设为第 1 帧，终止点设为第 10 帧，如图 7-130 所示。舞台中显示出在不同的帧中，图形位置的变化效果，如图 7-131 所示。

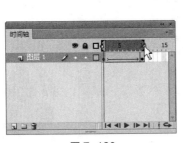

图 7-130

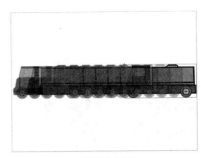

图 7-131

如果在帧"属性"面板中，将"旋转"选项设为"逆时针"，如图 7-132 所示，那么在不同的帧中，图形位置的变化效果如图 7-133 所示。

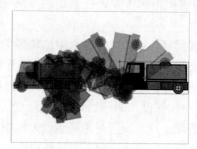

图 7-132　　　　　　　　　　　图 7-133

还可以在对象的运动过程中改变其大小、透明度等，下面将进行介绍。

新建空白文档，选择"文件 > 导入 > 导入到库"命令，将"07"文件导入到"库"面板中，如图 7-134 所示，将图形拖曳到舞台的中心，如图 7-135 所示。

选中第 10 帧，按 F6 键，插入关键帧，如图 7-136 所示。选择"任意变形"工具，在舞台中单击图形，出现变形控制点，如图 7-137 所示。

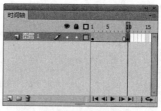

图 7-134　　　　　　图 7-135　　　　　　图 7-136　　　　　　图 7-137

将鼠标放在左侧的控制点上，光标变为双箭头↔，按住鼠标不放，选中控制点向右拖曳，将图形水平翻转，如图 7-138 所示。松开鼠标后效果如图 7-139 所示。

按 Ctrl+T 组合键，弹出"变形"面板，将"宽度"选项设置为 70，其他选项为默认值，如图 7-140 所示。按 Enter 键，确定操作，如图 7-141 所示。

图 7-138　　　　　　图 7-139　　　　　　图 7-140　　　　　　图 7-141

选择"选择"工具，选中图形，选择"窗口 > 属性"命令，弹出图形"属性"面板，在"色彩效果"选项组中的"样式"选项的下拉列表中选择"Alpha"，将下方的"Alpha 数量"

选项设为 20，如图 7-142 所示。

    舞台中图形的不透明度被改变，如图 7-143 所示。用鼠标右键单击第 1 帧，在弹出的菜单中选择"创建传统补间"命令，第 1 帧至第 10 帧之间生成动作补间动画，如图 7-144 所示。按 Enter 键，让播放头进行播放，即可观看制作效果。

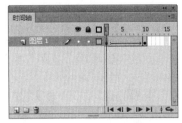

图 7-142　　　　　　图 7-143　　　　　　图 7-144

    在不同的关键帧中，图形的动作变化效果如图 7-145 所示。

（a）第 1 帧　　（b）第 3 帧　　（c）第 5 帧　（d）第 7 帧　　（e）第 9 帧　　　（f）第 10 帧

图 7-145

7.2.7　色彩变化动画

    新建空白文档，选择"文件 > 导入 > 导入到舞台"命令，将"08"文件导入到舞台中，如图 7-146 所示。选中花图形，反复按 Ctrl+B 组合键，直到图形完全被打散，如图 7-147 所示。

    选中第 10 帧，按 F6 键，插入关键帧，如图 7-148 所示。第 10 帧中也显示出第 1 帧中的图形。

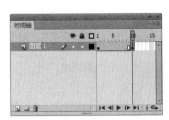

图 7-146　　　　　图 7-147　　　　　　图 7-148

    将花图形全部选中，单击工具箱下方的"填充颜色"按钮 ✎□，在弹出的色彩框中选择橙色（#FF9900），这时，纹理图形的颜色发生变化，被修改为橙色，如图 7-149 所示。用鼠标右键单击第 1 帧，在弹出的菜单中选择"创建补间形状"命令，如图 7-150 所示。在"时间轴"面板中，第 1 帧至第 10 帧之间生成色彩变化动画，如图 7-151 所示。

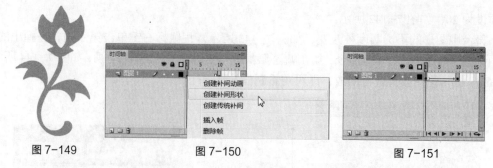

图 7-149　　　　　　图 7-150　　　　　　图 7-151

在不同的关键帧中，花图形的颜色变化效果如图 7-152 所示。

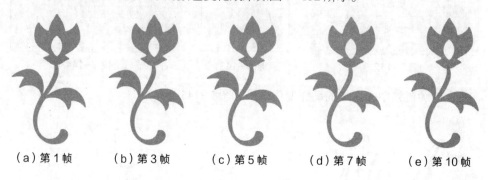

（a）第 1 帧　　　（b）第 3 帧　　　（c）第 5 帧　　　（d）第 7 帧　　　（e）第 10 帧

图 7-152

还可以应用渐变色彩来制作色彩变化动画，下面将进行介绍。

选择"窗口 > 颜色"命令，弹出"颜色"面板，在"颜色类型"选项的下拉列表中选择"径向渐变"命令，如图 7-153 所示。

在"颜色"面板中，在滑动色带上选中左侧的颜色控制点，如图 7-154 所示。在面板的颜色框中设置控制点的颜色，在面板右下方的颜色明暗度调节框中，通过拖曳鼠标来设置颜色的明暗度，如图 7-155 所示，将第 1 个控制点设为紫色（#8348D4）。再选中右侧的颜色控制点，在颜色选择框和明暗度调节框中设置颜色，如图 7-156 所示，将第 2 个控制点设为红色（#FF0000）。

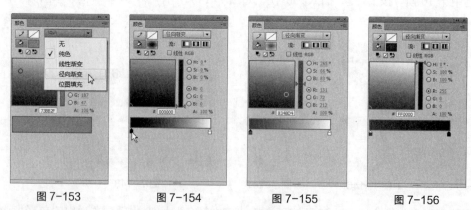

图 7-153　　　　　　图 7-154　　　　　　图 7-155　　　　　　图 7-156

将第 2 个控制点向左拖动，如图 7-157 所示。选择"颜料桶"工具 ，在花图形顶部单击鼠标，以纹理图形的顶部为中心生成放射状渐变色，如图 7-158 所示。选中第 10 帧，按F6 键，插入关键帧，如图 7-159 所示。第 10 帧中也显示出第 1 帧中的图形。

图 7-157

图 7-158

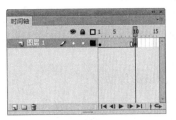

图 7-159

选择"颜料桶"工具 ，在花图形底部单击鼠标，以纹理图形底部为中心生成放射状渐变色，如图 7-160 所示。在"时间轴"面板中选中第 1 帧，单击鼠标右键，在弹出的菜单中选择"创建补间形状"命令，如图 7-161 所示。在"时间轴"面板中，第 1 帧至第 10 帧之间生成色彩变化动画，如图 7-162 所示。

图 7-160

图 7-161

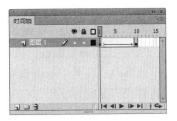

图 7-162

在不同的关键帧中，花图形的颜色变化效果如图 7-163 所示。

（a）第 1 帧

（b）第 3 帧

（c）第 5 帧

（d）第 7 帧

（e）第 10 帧

图 7-163

7.2.8 测试动画

在制作完成动画后，要对其进行测试。可以通过多种方法来测试动画。

1. 应用控制器面板

选择"窗口 > 工具栏 > 控制器"命令，弹出"控制器"面板，如图 7-164 所示。

"停止"按钮 ■：用于停止播放动画。"转到第一帧"按钮 ◄◄：用于将动画返回到第 1 帧并停止播放。"后退一帧"按钮 ◄�I：用于将动画

图 7-164

逐帧向后播放。"播放"按钮 ▶：用于播放动画。"前进一帧"按钮 ▐▶：用于将动画逐帧向前播放。"转到最后一帧"按钮 ▶▌：用于将动画跳转到最后 1 帧并停止播放。

2．应用播放命令

选择"控制 > 播放"命令，或按 Enter 键，可以对当前舞台中的动画进行浏览。在"时间轴"面板中，可以看见播放头在运动。随着播放头的运动，舞台中显示出播放头所经过的帧上的内容。

3．应用测试影片命令

选择"控制 > 测试影片"命令，或按 Ctrl+Enter 组合键，可以进入动画测试窗口，对动画作品的多个场景进行连续的测试。

4．应用测试场景命令

选择"控制 > 测试场景"命令，或按 Ctrl+Alt+Enter 组合键，可以进入动画测试窗口，测试当前舞台窗口中显示的场景或元件中的动画。

知识提示 　　如果需要循环播放动画，可以选择"控制 > 循环播放"命令，再应用"播放"按钮或其他测试命令即可。

7.2.9 "影片浏览器"面板的功能

"影片浏览器"面板，可以将 Flash CS6 文件组成树型关系图，方便用户进行动画分析、管理或修改。在其中可以查看每一个元件，熟悉帧与帧之间的关系，查看动作脚本等，也可快速查找需要的对象。

选择"窗口 > 影片浏览器"命令，弹出"影片浏览器"面板，如图 7-165 所示。

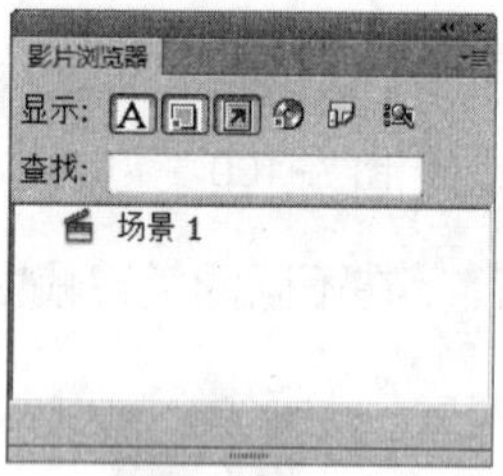

"显示文本"按钮 **A**：用于显示动画中的文字内容。

"显示按钮、影片剪辑和图形"按钮 ▣：用于显示动画中的按钮、影片剪辑和图形。

"显示动作脚本"按钮 ▨：用于显示动画中的脚本。

图 7-165

"显示视频、声音和位图"按钮 ⊕：用于显示动画中的视频、声音和位图。

"显示帧和图层"按钮 ▨：用于显示动画中的关键帧和图层。

"自定义要显示的项目"按钮 ▩：单击此按钮，弹出"影片管理器设置"对话框，在对话框中可以自定义在"影片浏览器"面板中显示的内容。

"查找"选项：可以在此选项的文本框中输入要查找的内容，这样可以快速地找到需要的对象。

7.3　Deco 工具

Deco 工具是 Flash 中另一种"喷涂刷"工具，它可以模拟类似藤蔓生长的动画，也可以快速完成大量相同形状图案的绘制，还可以制作出很多复杂的动画效果。

7.3.1　创建藤蔓

选择"Deco"工具 ▨，将鼠标移到舞台上，鼠标指针变成 形状，在舞台上单击鼠标左键，即可看到藤蔓生长的效果，如图 7-166 所示。在生长的藤蔓图形上再次单击鼠标左键，即可停止当前藤蔓图形的生长，如图 7-167 所示。

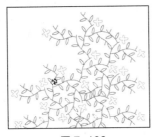

图 7-166

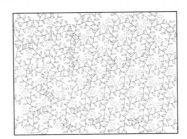

图 7-167

如果在舞台的空白处单击鼠标左键，则是停止当前藤蔓图形的生长并且开始一个新的藤蔓图形生长，如图 7-168 所示。

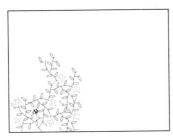
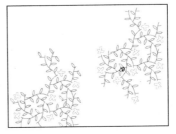

图 7-168

7.3.2　藤蔓属性

选择"Deco"工具 ，选择"窗口 > 属性"命令，弹出 Deco 工具的"属性"面板，如图 7-169 所示。在 Deco 工具"属性"面板中可以更改藤蔓的属性。

在"藤蔓式填充"选项的下拉列表中，包含了 13 种绘制效果：藤蔓式填充、网格填充、对称刷子、3D 刷子、建筑物刷子、装饰性刷子、火焰动画、火焰刷子、花刷子、闪电刷子、粒子系统、烟动画和树刷子，如图 7-170 所示。

单击"树叶"和"花"选项后的"编辑"按钮，可以从库中选择一个自定义元件，替换默认花朵元件和叶子元件。

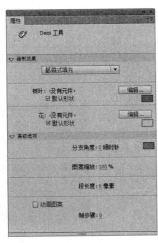

图 7-169

图 7-170

知识提示 "库"面板中的任何影片剪辑或图形元件，都可替换默认的花朵和叶子元件，作为藤蔓式填充效果。

高级选项：不同的绘制效果中的"高级选项"不同，同时通过设置高级选项可以实现不同的绘制效果。

勾选"动画图案"选项，如图 7-171 所示，软件将自动以逐帧动画的形式来记录藤蔓的生长过程，如图 7-172 所示。

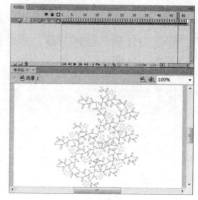

图 7-171   图 7-172

7.4 课堂练习——制作逐帧动画

【练习知识要点】使用翻转帧命令将太阳图形的关键帧进行翻转，使用柔化填充边缘命令制作太阳效果，使用任意变形工具改变图形的大小。

【素材所在位置】光盘/Ch07/素材/制作美好回忆动画/01~04。

【效果所在位置】光盘/Ch07/效果/制作美好回忆动画.fla，如图 7-173 所示。

图 7-173

7.5 课后习题——制作加载条效果

【习题知识要点】使用钢笔工具和颜色面板制作加载条，使用逐帧动画制作数据变化和正在加载中动画效果。

【素材所在位置】光盘/Ch07/素材/制作加载条效果/01。

【效果所在位置】光盘/Ch07/效果/制作加载条效果.fla，如图 7-174 所示。

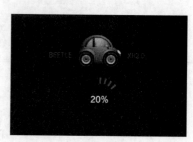

图 7-174

PART 8

第8章
层与高级动画

本章介绍

　　层在 Flash CS6 中有着举足轻重的作用。只有掌握层的概念和熟练应用不同性质的层，才有可能真正成为 Flash 高手。本章详细介绍层的应用技巧，以及如何使用不同性质的层来制作高级动画。读者通过学习要了解并掌握层的强大功能，并能充分利用层来为自己的动画设计作品增光添彩。

学习目标

- 掌握层的基本操作。
- 掌握引导层和运动引导层动画的制作方法。
- 掌握遮罩层的使用方法和应用技巧。
- 熟练运用分散到图层功能编辑对象。
- 了解场景动画的创建和编辑方法。

技能目标

- 掌握"飘落的羽毛"的制作方法和技巧。
- 掌握"遮罩招贴动画"的制作方法和技巧。
- 熟练掌握应用"添加传统运动引导层"命令和"遮罩层"命令制作动画的方法和技巧。

8.1 层、引导层、运动引导层与分散到图层

图层类似于叠在一起的透明纸，下面图层中的内容可以通过上面图层中不包含内容的区域透过来。除普通图层，还有一种特殊类型的图层——引导层。在引导层中，可以像其他层一样绘制各种图形和引入元件等，但最终发布时引导层中的对象不会显示出来。

命令介绍

添加传统运动引导层：如果希望创建按照任意轨迹运动的动画，就需要添加运动引导层。

分散到图层：可以将同一图层上的多个对象分配到不同的图层中并为图层命名。如果对象是元件或位图，那么新图层的名字将按其原有的名字命名。

8.1.1 课堂案例——制作飘落的羽毛

【案例学习目标】使用添加传统运动引导层命令添加引导层。

【案例知识要点】使用添加传统运动引导层命令添加引导层，使用铅笔工具绘制线条，使用创建传统补间命令制作飘落的羽毛动画效果，如图8-1所示。

【效果所在位置】光盘/Ch08/效果/制作飘落的羽毛.fla。

图8-1

1．导入图片

（1）选择"文件 > 新建"命令，在弹出的"新建文档"对话框中选择"ActionScript 3.0"选项，单击"确定"按钮，进入新建文档舞台窗口。按Ctrl+F3组合键，弹出文档"属性"面板，单击面板中的"编辑文档属性"按钮 ，弹出"文档设置"对话框，将"宽度"选项设为403，"高度"选项设为538，将"背景颜色"选项设为黑色，单击"确定"按钮，改变舞台窗口的大小。

（2）选择"文件 > 导入 > 导入到库"命令，在弹出的"导入到库"对话框中选择"Ch08 > 素材 > 制作飘落的羽毛 > 01、02、03"文件，单击"打开"按钮，将文件导入到"库"面板中，如图8-2所示。

（3）将"图层1"重新命名为"底图"。将"库"面板中的位图"01"拖曳到舞台窗口中，效果如图8-3所示。在"时间轴"面板中创建新的图层并将其命名为"心形云彩"。将"库"面板中的位图"02.png"拖曳到舞台窗口中的左上方，效果如图8-4所示。

图8-2

图8-3

图8-4

2．绘制引导线制作羽毛效果

（1）在"库"面板下方单击"新建元件"按钮 ，弹出"创建新元件"对话框，在"名称"选项的文本框中输入"羽毛飘落"，在"类型"选项的下拉列表中选择"影片剪辑"选项，单击"确定"按钮，新建一个影片剪辑元件"羽毛飘落"，如图 8-5 所示。舞台窗口也随之转换为影片剪辑元件的舞台窗口。在"图层 1"上单击鼠标右键，在弹出的菜单中选择"添加传统运动引导层"命令，为"图层 1"添加运动引导层，如图 8-6 所示。

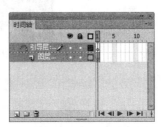

图 8-5　　　　　　　　　　　图 8-6

（2）选择"铅笔"工具 ，在工具箱中将"笔触颜色"设为红色（#FF0000），选中工具箱下方"选项"选项组中的"平滑"按钮 ，在引导层上绘制出 1 条曲线，如图 8-7 所示。选中引导层的第 205 帧，按 F5 键，插入普通帧，如图 8-8 所示。

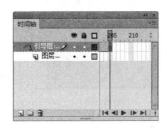

图 8-7　　　　　　　　　　　图 8-8

（3）选中"图层 1"的第 1 帧，将"库"面板中的位图"03.png"拖曳到舞台窗口中，保持图片选取状态，按 F8 键，弹出"转换为元件"对话框，在"名称"选项的文本框中输入要转换为元件的名称，在"类型"下拉列表中选择"图形"元件，如图 8-9 所示，单击"确定"按钮，位图转换为图形元件。选择图形"属性"面板，在面板中分别设置图形的宽度和高度，如图 8-10 所示，并将其放置在曲线上方的端点上，效果如图 8-11 所示。

图 8-9　　　　　　　　　图 8-10　　　　　　图 8-11

（4）选中"图层1"的第205帧，按F6键，插入关键帧，如图8-12所示。选择"选择"工具 ，在舞台窗口中将羽毛移动到曲线下方的端点上，效果如图8-13所示。

（5）用鼠标右键单击"图层1"中的第1帧，在弹出的菜单中选择"创建传统补间"命令，在第1帧和第205帧之间生成动作补间动画，如图8-14所示。

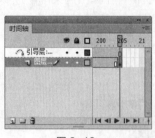  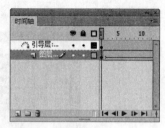

图8-12   图8-13   图8-14

（6）单击舞台窗口左上方的"场景1"图标 场景1，进入"场景1"的舞台窗口。单击"时间轴"面板下方的"新建图层"按钮 ，创建新图层并将其命名为"羽毛飘落"。将"库"面板中的影片剪辑元件"羽毛飘落"拖曳到舞台窗口中的上方，效果如图8-15所示。飘落的羽毛效果制作完成，按Ctrl+Enter组合键即可查看效果，如图8-16所示。

图8-15   图8-16

8.1.2 层的设置

1．层的弹出式菜单

用鼠标右键单击"时间轴"面板中的图层名称，弹出菜单，如图8-17所示。

"显示全部"命令：用于显示所有的隐藏图层和图层文件夹。

"锁定其他图层"命令：用于锁定除当前图层以外的所有图层。

"隐藏其他图层"命令：用于隐藏除当前图层以外的所有图层。

"插入图层"命令：用于在当前图层上创建一个新的图层。

"删除图层"命令：用于删除当前图层。

"剪切图层"：用于将当前图层剪切到剪切板中。

"拷贝图层"：用于拷贝当前图层。

"粘贴图层"：用于粘贴所拷贝的图层。

"复制图层"：用于复制当前图层并生成一个复制图层。

"引导层"命令：用于将当前图层转换为普通引导层。

图8-17

"添加传统运动引导层"命令：用于将当前图层转换为运动引导层。

"遮罩层"命令：用于将当前图层转换为遮罩层。

"显示遮罩"命令：用于在舞台窗口中显示遮罩效果。

"插入文件夹"命令：用于在当前图层上创建一个新的层文件夹。

"删除文件夹"命令：用于删除当前的层文件夹。

"展开文件夹"命令：用于展开当前的层文件夹，显示出其包含的图层。

"折叠文件夹"命令：用于折叠当前的层文件夹。

"展开所有文件夹"命令：用于展开"时间轴"面板中所有的层文件夹，显示出所包含的图层。

"折叠所有文件夹"命令：用于折叠"时间轴"面板中所有的层文件夹。

"属性"命令：用于设置图层的属性。

2．创建图层

为了分门别类地组织动画内容，需要创建普通图层。选择"插入 > 时间轴 > 图层"命令，创建一个新的图层，或在"时间轴"面板下方单击"新建图层"按钮，创建一个新的图层。

 知识提示　系统默认状态下，新创建的图层按"图层 1""图层 2"……的顺序进行命名，也可以根据需要自行设定图层的名称。

3．选取图层

选取图层就是将图层变为当前图层，用户可以在当前层上放置对象、添加文本和图形以及进行编辑。要使图层成为当前图层的方法很简单，在"时间轴"面板中选中该图层即可。当前图层会在"时间轴"面板中以蓝色显示，铅笔图标 ✐ 表示可以对该图层进行编辑，如图 8-18 所示。

按住 Ctrl 键的同时，用鼠标在要选择的图层上单击，可以一次选择多个图层，如图 8-19 所示。按住 Shift 键的同时，用鼠标单击两个图层，在这两个图层中间的其他图层也会被同时选中，如图 8-20 所示。

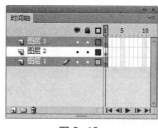
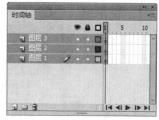

图 8-18　　　　　　　　图 8-19　　　　　　　　图 8-20

4．排列图层

可以根据需要，在"时间轴"面板中为图层重新排列顺序。

在"时间轴"面板中选中"图层 3"，如图 8-21 所示，按住鼠标不放，将"图层 3"向下拖曳，这时会出现一条虚线，如图 8-22 所示，将虚线拖曳到"图层 1"的下方，松开鼠标，则"图层 3"移动到"图层 1"的下方，如图 8-23 所示。

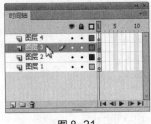

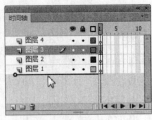
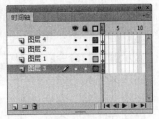

图 8-21　　　　　　　　　图 8-22　　　　　　　　　图 8-23

5．复制、粘贴图层

可以根据需要，将图层中的所有对象复制并粘贴到其他图层或场景中。

在"时间轴"面板中单击要复制的图层，如图 8-24 所示，选择"编辑 > 时间轴 > 复制帧"命令，进行复制。在"时间轴"面板下方单击"新建图层"按钮，创建一个新的图层，选中新的图层，如图 8-25 所示，选择"编辑 > 时间轴 > 粘贴帧"命令，在新建的图层中粘贴复制过的内容，如图 8-26 所示。

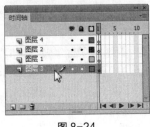
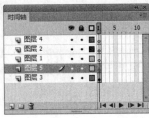
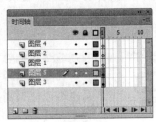

图 8-24　　　　　　　　　图 8-25　　　　　　　　　图 8-26

6．删除图层

如果某个图层不再需要，可以将其进行删除。删除图层有以下两种方法：在"时间轴"面板中选中要删除的图层，在面板下方单击"删除"按钮，即可删除选中图层，如图 8-27 所示；还可在"时间轴"面板中选中要删除的图层，按住鼠标不放，将其向下拖曳，这时会出现虚线，将虚线拖曳到"删除图层"按钮上进行删除，如图 8-28 所示。

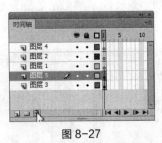
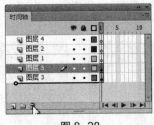

图 8-27　　　　　　　　　图 8-28

7．隐藏、锁定图层和图层的线框显示模式

（1）隐藏图层：动画经常是多个图层叠加在一起的效果，为了便于观察某个图层中对象的效果，可以把其他的图层先隐藏起来。

在"时间轴"面板中单击"显示或隐藏所有图层"按钮下方的小黑圆点，这时小黑圆点所在的图层就被隐藏，在该图层上显示出一个叉号图标✕，如图 8-29 所示，此时图层将不能被编辑。

在"时间轴"面板中单击"显示或隐藏所有图层"按钮，面板中的所有图层将被同时隐藏，如图 8-30 所示。再单击此按钮，即可解除隐藏。

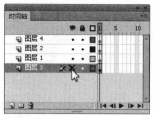
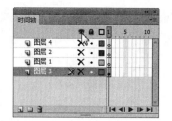

图 8-29 　　　　　　　　　　　　　　图 8-30

（2）锁定图层：如果某个图层上的内容已符合要求，则可以锁定该图层，以避免内容被意外地更改。

在"时间轴"面板中单击"锁定或解除锁定所有图层"按钮🔒下方的小黑圆点，这时小黑圆点所在的图层就被锁定，在该图层上显示出一个锁状图标🔒，如图 8-31 所示，此时图层将不能被编辑。

在"时间轴"面板中单击"锁定或解除锁定所有图层"按钮🔒，面板中的所有图层将被同时锁定，如图 8-32 所示。再单击此按钮，即可解除锁定。

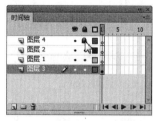
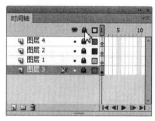

图 8-31 　　　　　　　　　　　　　　图 8-32

（3）图层的线框显示模式：为了便于观察图层中的对象，可以将对象以线框的模式进行显示。

在"时间轴"面板中单击"将所有图层显示为轮廓"按钮□下方的实色正方形，这时实色正方形所在图层中的对象就呈线框模式显示，在该图层上实色正方形变为线框图标□，如图 8-33 所示，此时并不影响编辑图层。

在"时间轴"面板中单击"将所有图层显示为轮廓"按钮□，面板中的所有图层将被同时以线框模式显示，如图 8-34 所示。再单击此按钮，即可返回到普通模式。

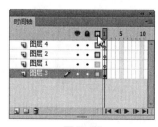

图 8-33 　　　　　　　　　　　　　　图 8-34

8．重命名图层

可以根据需要更改图层的名称。更改图层名称有以下两种方法。

（1）双击"时间轴"面板中的图层名称，名称变为可编辑状态，如图 8-35 所示。输入要更改的图层名称，如图 8-36 所示。在图层旁边单击鼠标，完成图层名称的修改，如图 8-37 所示。

  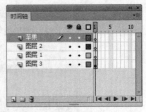

图 8-35   图 8-36   图 8-37

（2）还可选中要修改名称的图层，选择"修改 > 时间轴 > 图层属性"命令，在弹出的"图层属性"对话框中修改图层的名称。

8.1.3 图层文件夹

在"时间轴"面板中可以创建图层文件夹来组织和管理图层，这样"时间轴"面板中图层的层次结构将非常清晰。

1．创建图层文件夹

选择"插入 > 时间轴 > 图层文件夹"命令，在"时间轴"面板中创建图层文件夹，如图 8-38 所示。还可单击"时间轴"面板下方的"新建文件夹"按钮 ，在"时间轴"面板中创建图层文件夹，如图 8-39 所示。

 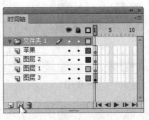

图 8-38   图 8-39

2．删除图层文件夹

在"时间轴"面板中选中要删除的图层文件夹，单击面板下方的"删除"按钮 ，即可删除图层文件夹，如图 8-40 所示。还可在"时间轴"面板中选中要删除的图层文件夹，按住鼠标不放，将其向下拖曳，这时会出现虚线，将虚线拖曳到"删除"按钮 上进行删除，如图 8-41 所示。

 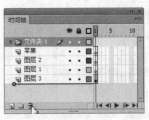

图 8-40   图 8-41

8.1.4 普通引导层

普通引导层主要用于为其他图层提供辅助绘图和绘图定位，引导层中的图形在播放影片时是不会显示的。

1．创建普通引导层

用鼠标右键单击"时间轴"面板中的某个图层，在弹出的菜单中选择"引导层"命令，如图 8-42 所示，该图层转换为普通引导层，此时，图层前面的图标变为 ✎，如图 8-43 所示。

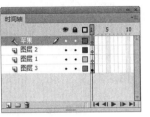

图 8-42   图 8-43

还可在"时间轴"面板中选中要转换的图层，选择"修改 > 时间轴 > 图层属性"命令，弹出"图层属性"对话框，在"类型"选项组中选择"引导层"单选项，如图 8-44 所示，单击"确定"按钮，选中的图层转换为普通引导层，此时，图层前面的图标变为 ✎，如图 8-45 所示。

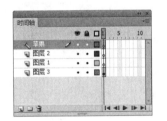

图 8-44   图 8-45

2．将普通引导层转换为普通图层

如果要在播放影片时显示引导层上的对象，还可将引导层转换为普通图层。

用鼠标右键单击"时间轴"面板中的引导层，在弹出的菜单中选择"引导层"命令，如图 8-46 所示，引导层转换为普通图层，此时，图层前面的图标变为 ▫，如图 8-47 所示。

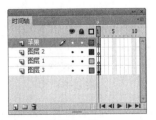

图 8-46   图 8-47

还可在"时间轴"面板中选中引导层，选择"修改 > 时间轴 > 图层属性"命令，弹出"图层属性"对话框，在"类型"选项组中选择"一般"单选项，如图 8-48 所示，单击"确定"按钮，选中的引导层转换为普通图层，此时，图层前面的图标变为 ⬚，如图 8-49 所示。

图 8-48　　　　　　　　图 8-49

3．应用普通引导层制作动画

　　新建空白文档，在"时间轴"面板中，用鼠标右键单击"图层 1"，在弹出的菜单中选择"引导层"命令，如图 8-50 所示。"图层 1"由普通图层转换为引导层，如图 8-51 所示。

　　选择"椭圆"工具 ⬭，在引导层的舞台窗口中绘制出一个正圆形，如图 8-52 所示。在"时间轴"面板下方单击"新建图层"按钮 ⬚，创建新的图层"图层 2"，如图 8-53 所示。

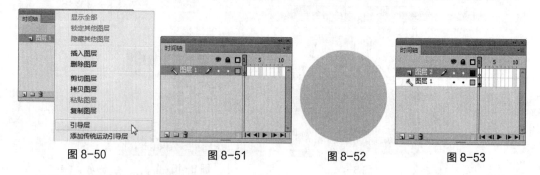

图 8-50　　　　　　图 8-51　　　　　　图 8-52　　　　　　图 8-53

　　选择"多角星形"工具 ⬡，按 Ctrl+F3 组合键，弹出多角星形工具"属性"面板，单击"选项"按钮 [　　选项…　　]，如图 8-54 所示，弹出"工具设置"对话框，在对话框中进行设置，如图 8-55 所示，单击"确定"按钮。

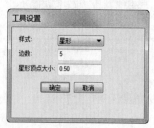

图 8-54　　　　　　　　图 8-55

　　选中"图层 2"，在正圆形的上方绘制出一个星形图形，如图 8-56 所示。选择"选择"工具 ▶，按住 Alt 键的同时，用鼠标将星形图形向右侧拖曳，如图 8-57 所示，释放鼠标，星形图形被复制，如图 8-58 所示。

　　用相同的方法，再复制出多个星形图形，并将它们绕着正圆形的外边线进行排列，如图

160

8-59 所示。图形绘制完成，按 Ctrl+Enter 组合键，测试图形效果，如图 8-60 所示，引导层中的正圆形没有被显示。

图 8-56　　　图 8-57　　　图 8-58　　　图 8-59　　　图 8-60

8.1.5　运动引导层

运动引导层的作用是设置对象运动路径的导向，使与之相链接的被引导层中的对象沿着路径运动，运动引导层上的路径在播放动画时不显示。在引导层上还可创建多个运动轨迹，以引导被引导层上的多个对象沿不同的路径运动。要创建按照任意轨迹运动的动画就需要添加运动引导层，但创建运动引导层动画时要求必须是动作补间动画，而形状补间动画、逐帧动画不可用。

1．创建运动引导层

用鼠标右键单击"时间轴"面板中要添加引导层的图层，在弹出的菜单中选择"添加传统运动引导层"命令，如图 8-61 所示，为图层添加运动引导层，此时引导层前面出现图标 ，如图 8-62 所示。

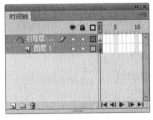

图 8-61　　　　　　　　　　图 8-62

知识提示

一个引导层可以引导多个图层上的对象按运动路径运动。如果要将多个图层变成某一个运动引导层的被引导层，只需在"时间轴"面板上将要变成被引导层的图层拖曳至引导层下方即可。

2．将运动引导层转换为普通图层

将运动引导层转换为普通图层的方法与普通引导层转换的方法一样，这里不再赘述。

3．应用运动引导层制作动画

打开光盘中的 01 素材，鼠标右键单击"时间轴"面板中的"图层 1"，在弹出的菜单中选择"添加传统运动引导层"命令，为"图层 1"添加运动引导层，如图 8-63 所示。选择"铅笔"工具 ，在引导层的舞台窗口中绘制 1 条曲线，如图 8-64 所示。选择"引导层"的第60 帧，按 F5 键，插入普通帧，如图 8-65 所示。

图 8-63

图 8-64

图 8-65

选中"图层 1"的第 1 帧,将"库"面板中的图形元件"蝴蝶"拖曳到舞台窗口中,放置在曲线的右端点上,如图 8-66 所示。选中"图层 1"中的第 60 帧,按 F6 键,插入关键帧,如图 8-67 所示。将舞台窗口中的"蝴蝶"实例拖曳到曲线的左端点,如图 8-68 所示。

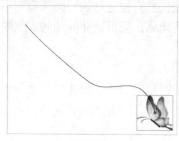

图 8-66

图 8-67

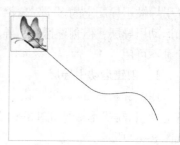

图 8-68

用鼠标右键单击"图层 1"的第 1 帧,在弹出的菜单中选择"创建传统补间"命令,如图 8-69 所示,在"图层 1"中,第 1 帧和第 60 帧之间生成动作补间动画,如图 8-70 所示。运动引导层动画制作完成。

图 8-69

图 8-70

在不同的帧中,动画显示的效果如图 8-71 所示。按 Ctrl+Enter 组合键,测试动画效果,在动画中,曲线将不被显示。

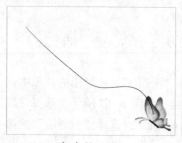

(a)第 1 帧

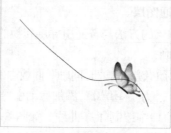

(b)第 15 帧

(c)第 30 帧

(d) 第45帧　　　　　　　　(e) 第60帧

图 8-71

8.1.6　分散到图层

新建空白文档，选择"文本"工具 **T**，在"图层 1"的舞台窗口中输入文字"分散到图层"，如图 8-72 所示。选中文字，按 Ctrl+B 组合键，将文字打散，如图 8-73 所示。选择"修改 > 时间轴 > 分散到图层"命令，将"图层 1"中的文字分散到不同的图层中并按文字设定图层名，如图 8-74 所示。

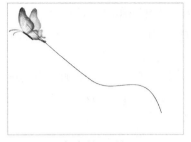

图 8-72　　　　　　　图 8-73　　　　　　　　　　　图 8-74

知识提示

将文字分散到不同的图层中后，"图层 1"中没有任何对象。

8.2　遮罩层与遮罩的动画制作

遮罩层就像一块不透明的板，如果要看到它下面的图像，只能在板上挖"洞"，而遮罩层中有对象的地方就可看成是"洞"，通过这个"洞"，被遮罩层中的对象显示出来。

命令介绍

遮罩层：遮罩层可以创建类似探照灯的特殊动画效果。

8.2.1　课堂案例——制作遮罩招贴动画

【案例学习目标】使用遮罩层命令制作遮罩动画。

【案例知识要点】使用矩形工具绘制矩形块，创建形状补间命令制作动画效果，使用遮罩层命令制作遮罩动画效果，效果如图 8-75 所示。

【效果所在位置】光盘/Ch08/效果/制作遮罩招贴动画.fla。

图 8-75

1．导入图片并制作图形元件

（1）选择"文件 > 新建"命令，在弹出的"新建文档"对话框中选择"ActionScript 2.0"选项，单击"确定"按钮，进入新建文档舞台窗口。按 Ctrl+F3 组合键，弹出文档"属性"面板，单击面板中的"编辑文档属性"按钮🔧，弹出"文档设置"对话框，将"宽度"选项设为 600，"高度"选项设为 434，单击"确定"按钮，改变舞台窗口的大小。

（2）选择"文件 > 导入 > 导入到库"命令，在弹出的"导入到库"对话框中选择"Ch08 > 素材 > 制作遮罩招贴动画 > 01~06"文件，单击"打开"按钮，将文件导入到"库"面板中，如图 8-76 所示。

（3）按 Ctrl+F8 组合键，弹出"创建新元件"对话框，在"名称"选项的文本框中输入"台灯"，在"类型"选项下拉列表中选择"图形"选项，如图 8-77 所示，单击"确定"按钮，新建图形元件"台灯"，如图 8-78 所示。舞台窗口也随之转换为图形元件的舞台窗口。

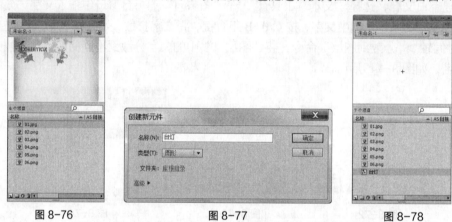

图 8-76　　　　　　　　图 8-77　　　　　　　　图 8-78

（4）将"库"面板中的位图"02.png"拖曳到舞台窗口中适当的位置，效果如图 8-79 所示。用相同方法制作图形元件"风景""图片"，并将"库"面板中对应的位图"03.png""04.png"，拖曳到元件舞台窗口中，"库"面板中的显示效果如图 8-80 所示。

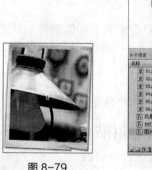

图 8-79　　　　　　　　图 8-80

2．制作招贴动画效果

（1）单击舞台窗口左上方的"场景 1"图标 █场景，进入"场景 1"的舞台窗口。将"图层 1"重新命名为"底图"。将"库"面板中的位图"01.jpg"拖曳到舞台窗口的中心位置，效果如图 8-81 所示。选中"底图"图层的第 150 帧，按 F5 键，插入帧，如图 8-82 所示。

图 8-81

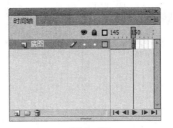

图 8-82

（2）单击"时间轴"面板下方的"新建图层"按钮，创建新图层并将其命名为"鞋子"。将"库"面板中的位图"05.png"拖曳到舞台窗口中适当的位置，效果如图 8-83 所示。

（3）单击"时间轴"面板下方的"新建图层"按钮，创建新图层并将其命名为"遮罩"。选择"矩形"工具，在工具箱中将"笔触颜色"设为无，"填充颜色"设为黑色，在舞台窗口中绘制 1 个矩形，效果如图 8-84 所示。

图 8-83

图 8-84

（4）选中"遮罩"图层的第 25 帧，按 F6 键，插入关键帧，如图 8-85 所示。选中第 1 帧，选择"任意变形"工具，选中"矩形"实例，图形上出现控制框，向上拖曳控制框下方中间的控制点到适当的位置，如图 8-86 所示。

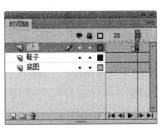

图 8-85

图 8-86

（5）用鼠标右键单击"遮罩"图层的第 1 帧，在弹出的菜单中选择"创建补间形状"命令，生成形状补间动画，如图 8-87 所示。在"遮罩"图层上单击鼠标右键，在弹出的菜单中选择"遮罩层"命令，将图层"遮罩"设置为遮罩的层，图层"鞋子"为被遮罩的层，如图 8-88 所示，舞台窗口中的效果如图 8-89 所示。

（6）单击"时间轴"面板下方的"新建图层"按钮，创建新图层并将其命名为"台灯"。选中"台灯"图层的第 25 帧，按 F7 键，插入空白关键帧，如图 8-90 所示。将"库"面板中的图形元件"台灯"拖曳到舞台窗口中的适当位置，如图 8-91 所示。

图 8-87

图 8-88

图 8-89

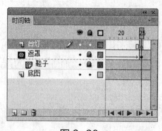
图 8-90

图 8-91

（7）选中"台灯"图层的第 45 帧，按 F6 键，插入关键帧，如图 8-92 所示。选择第 25 帧，选择"选择"工具，选中"台灯"实例，将其拖曳到适当的位置，如图 8-93 所示。在图形"属性"面板中选择"色彩效果"选项组，在"样式"选项的下拉列表中选择"Alpha"，将其值设为 0，如图 8-94 所示。

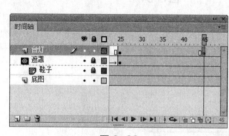
图 8-92

图 8-93

图 8-94

（8）用鼠标右键单击"台灯"的第 25 帧，在弹出的菜单中选择"创建传统补间"命令，生成传统补间动画，如图 8-95 所示。在帧"属性"面板中选择"补间"选项组，在"旋转"下拉列表中选择"顺时针"，如图 8-96 所示。使用相同的方法制作其他图片的旋转和不透明效果，如图 8-97 所示。

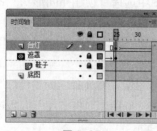
图 8-95

图 8-96

图 8-97

（9）单击"时间轴"面板下方的"新建图层"按钮，创建新图层并将其命名为"汽车"。选中该图层的第75帧，按F7键，插入空白关键帧，如图8-98所示，将"库"面板中的位图"06.png"拖曳到舞台窗口中适当的位置，效果如图8-99所示。

图 8-98　　　　　　　　　　　图 8-99

（10）单击"时间轴"面板下方的"新建图层"按钮，创建新图层并将其命名为"遮罩1"。选中该图层的第75帧，按F7键，插入空白关键帧，选择"椭圆"工具，在工具箱中将"笔触颜色"设为无，"填充颜色"设为黑色，按住 Shift 键的同时，在舞台窗口中绘制 1 个圆形，效果如图 8-100 所示。

（11）选中"遮罩1"图层的第100帧，按F6键，插入关键帧，如图8-101所示。选中第75帧，选择"任意变形"工具，选中"圆形"实例，按Shift键的同时，将其等比例缩小，如图 8-102 所示。

图 8-100　　　　　　　图 8-101　　　　　　　　图 8-102

（12）用鼠标右键单击"遮罩 1"图层的第 75 帧，在弹出的菜单中选择"创建补间形状"命令，生成形状补间动画，如图 8-103 所示。在"遮罩 1"图层上单击鼠标右键，在弹出的菜单中选择"遮罩层"命令，将图层"遮罩 1"设置为遮罩的层，图层"汽车"为被遮罩的层，如图8-104所示，舞台窗口中的效果如图8-105所示。遮罩招贴动画制作完成，按 Ctrl+Enter 组合键，即可查看效果。

图 8-103　　　　　　　　　图 8-104　　　　　　　　图 8-105

8.2.2　遮罩层

1．创建遮罩层

要创建遮罩动画首先要创建遮罩层。在"时间轴"面板中，用鼠标右键单击要转换遮罩层的图层，在弹出的菜单中选择"遮罩层"命令，如图 8-106 所示。选中的图层转换为遮罩层，其下方的图层自动转换为被遮罩层，并且它们都自动被锁定，如图 8-107 所示。

图 8-106　　　　　　　　　　图 8-107

　　　　　如果想解除遮罩，只需单击"时间轴"面板上遮罩层或被遮罩层上的图标将其解锁。遮罩层中的对象可以是图形、文字、元件的实例等，但不显示位图、渐变色、透明色和线条。一个遮罩层可以作为多个图层的遮罩层，如果要将一个普通图层变为某个遮罩层的被遮罩层，只需将此图层拖曳至遮罩层下方。

2．将遮罩层转换为普通图层

在"时间轴"面板中，用鼠标右键单击要转换的遮罩层，在弹出的菜单中选择"遮罩层"命令，如图 8-108 所示，遮罩层转换为普通图层，如图 8-109 所示。

图 8-108　　　　　　　　　　图 8-109

8.2.3　静态遮罩动画

打开光盘中的 02 素材，如图 8-110 所示。在"时间轴"面板下方单击"新建图层"按钮，创建新的图层"图层 3"，如图 8-111 所示。将"库"面板中的图形元件"02"拖曳到舞台窗口中的适当位置，如图 8-112 所示。反复按 Ctrl+B 组合键，将图形打散。在"时间轴"面板中，用鼠标右键单击"图层 3"，在弹出的菜单中选择"遮罩层"命令，如图 8-113 所示。

"图层 3"转换为遮罩层，"图层 1"转换为被遮罩层，两个图层被自动锁定，如图 8-114 所示。舞台窗口中图形的遮罩效果如图 8-115 所示。

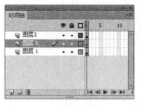

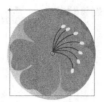

图 8-110　　　　　　　　图 8-111　　　　　　　　图 8-112

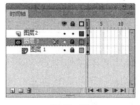

图 8-113　　　　　　　　图 8-114　　　　　　　　图 8-115

8.2.4　动态遮罩动画

（1）打开光盘中的 03 素材。选中"底图"图层的第 10 帧，按 F5 键，插入普通帧。选中"矩形块"图层的第 10 帧，按 F6 键，插入关键帧，如图 8-116 所示。选择"选择"工具 ，在舞台窗口中将矩形块图形向右拖曳到适当的位置，效果如图 8-117 所示。

（2）用鼠标右键单击"矩形块"图层的第 1 帧，在弹出的菜单中选择"创建传统补间"命令，生成传统补间动画，如图 8-118 所示。

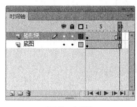

图 8-116　　　　　　　　图 8-117　　　　　　　　图 8-118

（3）用鼠标右键单击"矩形块"的名称，在弹出的菜单中选择"遮罩层"命令，如图 8-119 所示，"矩形块"转换为遮罩层，"底图"图层转换为被遮罩层，如图 8-120 所示。动态遮罩动画制作完成，按 Ctrl+Enter 组合键测试动画效果。

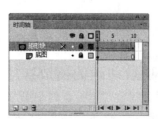

图 8-119　　　　　　　　　图 8-120

在不同的帧中，动画显示的效果如图 8-121 所示。

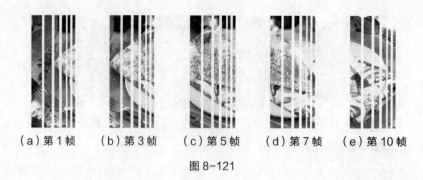

(a) 第1帧　　(b) 第3帧　　(c) 第5帧　　(d) 第7帧　　(e) 第10帧

图 8-121

8.3　场景动画

场景是影视制作中的术语，但在 Flash CS6 中其含义有了新变化，它很像影视作品的一个镜头，将主要对象没有改变的一段动画制成一个场景。一般制作复杂动画时多使用场景，这样便于分工协作和修改。

8.3.1　创建场景

选择"窗口 > 其他面板 > 场景"命令或按 Shift+F2 组合键，弹出"场景"面板。单击"添加场景"按钮，创建新的场景，如图 8-122 所示。如果需要复制场景，可以选中要复制的场景，单击"重制场景"按钮，即可进行复制，如图 8-123 所示。

还可选择"插入 > 场景"命令，创建新的场景。

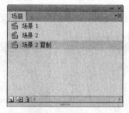

图 8-122　　　　　　　　图 8-123

8.3.2　选择当前场景

在制作多场景动画时常需要修改某场景中的动画，此时应该将该场景设置为当前场景。

单击舞台窗口上方的"编辑场景"按钮，在弹出的下拉列表中选择要编辑的场景，如图 8-124 所示。

图 8-124

8.3.3　调整场景动画的播放次序

在制作多场景动画时常需要设置各个场景动画播放的先后顺序。

选择"窗口 > 其他面板 > 场景"命令，弹出"场景"面板。在面板中选中要改变顺序的"场景 3"，如图 8-125 所示，将其拖曳到"场景 2"的上方，这时出现一个场景图标，并在"场景 2"上方出现一条带圆环头的绿线，其所在位置表示"场景 3"移动后的位置，如图

8-126 所示。松开鼠标，"场景 3" 移动到 "场景 2" 的上方，这就表示在播放场景动画时，"场景 3" 中的动画要先于 "场景 2" 中的动画播放，如图 8-127 所示。

图 8-125

图 8-126

图 8-127

8.3.4　删除场景

在制作动画过程中，没有用的场景可以删除。

选择 "窗口 > 其他面板 > 场景" 命令，弹出 "场景" 面板。选中要删除的场景，单击 "删除场景" 按钮 ，如图 8-128 所示，弹出提示对话框，单击 "确定" 按钮，场景被删除，如图 8-129 所示。

图 8-128

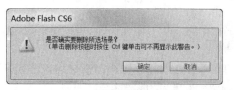
图 8-129

8.4　课堂练习——制作文字遮罩效果

【练习知识要点】使用矩形工具和颜色面板绘制渐变矩形，使用文本工具添加文字，使用遮罩层命令制作遮罩效果。

【素材所在位置】光盘/Ch08/素材/制作文字遮罩效果/01。

【效果所在位置】光盘/Ch08/效果/制作文字遮罩效果.fla，如图 8-130 所示。

图 8-130

8.5　课后习题——制作飞行效果

【习题知识要点】使用钢笔工具、添加传统运动引导层命令制作引导层动画效果。

【素材所在位置】光盘/Ch08/素材/制作飞行效果/01~03。

【效果所在位置】光盘/Ch08/效果/制作飞行效果.fla，如图 8-131 所示。

图 8-131

PART 9

第 9 章
声音素材的编辑

本章介绍

　　在 Flash CS6 中可以导入外部的声音素材作为动画的背景乐或音效。本章将主要介绍声音素材的多种格式，以及导入声音和编辑声音的方法。读者通过学习要了解并掌握导入声音和编辑声音的方法，从而使制作的动画更加生动。

9.1 声音的导入与编辑

在 Flash CS6 中导入声音素材后，可以将其直接应用到动画作品中，还可通过声音编辑器对声音素材进行编辑，然后再进行应用。

命令介绍

导入声音素材：要向动画中添加声音，必须先将声音文件导入到当前的文档中。

添加按钮音效：可以为多个按钮添加相同的音效。

9.1.1 课堂案例——添加图片按钮音效

【案例学习目标】使用导入命令导入声音文件，并为多个按钮添加音效。

【案例知识要点】使用导入命令导入声音文件，为多个按钮添加声音，使用对齐面板将按钮进行对齐，如图 9-1 所示。

【效果所在位置】光盘/Ch09/效果/添加图片按钮音效.fla。

图 9-1

1．导入素材并编辑元件

（1）打开光盘目录"Ch09 > 素材 > 添加图片按钮音效 > 01.fla"文件，如图 9-2 所示。选择"文件 > 导入 > 导入到库"命令，在弹出的"导入到库"对话框中选择"Ch09 > 素材 > 添加图片按钮音效 > 02"文件，单击"打开"按钮，声音文件被导入到"库"面板中，如图 9-3 所示。

图 9-2

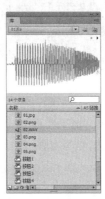

图 9-3

（2）双击"库"面板中按钮元件"按钮 1"前面的图标，舞台转换到"按钮 1"元件的舞台窗口，如图 9-4 所示。单击"时间轴"面板下方的"新建图层"按钮，创建新图层并将其命名为"音乐"，如图 9-5 所示。

图 9-4

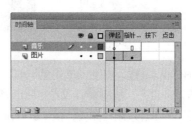

图 9-5

（3）选中"指针经过"帧，按 F6 键，插入关键帧，如图 9-6 所示。将"库"面板中的声音文件"02"拖曳到舞台窗口中，在"指针经过"帧中出现声音文件的波形，这表示当动画开始播放，鼠标指针经过按钮时，按钮将响应音效，"时间轴"面板如图 9-7 所示。用相同的方法分别给按钮元件"按钮 2""按钮 3"和"按钮 4"添加音效。

图 9-6

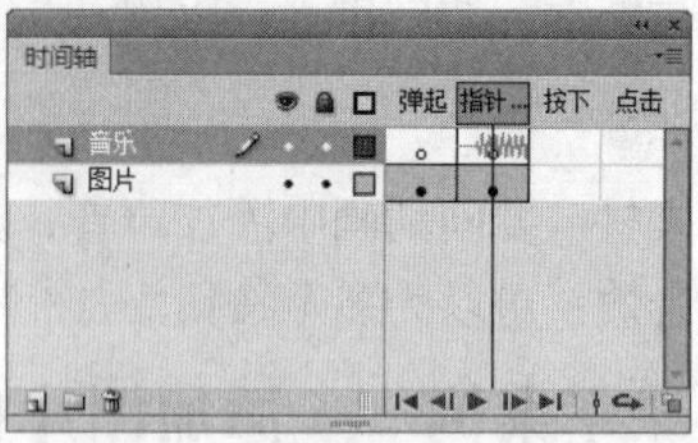

图 9-7

2．制作动画效果

（1）单击舞台窗口左上方的"场景 1"图标 ，进入"场景 1"的舞台窗口。将"库"面板中的按钮元件"按钮 1"拖曳到舞台窗口中，如图 9-8 所示。用相同的方法分别将"库"面板中的按钮元件"按钮 2""按钮 3"和"按钮 4"依次拖曳到舞台窗口中，效果如图 9-9 所示。

图 9-8

图 9-9

（2）选择"选择"工具 ，按住 Shift 键，选中舞台中"按钮 1"和"按钮 2"实例，按 Ctrl+K 组合键，弹出"对齐"面板，单击"右对齐"按钮 ，如图 9-10 所示，以按钮实例的右边部分进行对齐，效果如图 9-11 所示。

图 9-10

图 9-11

（3）选择"选择"工具 ，按住 Shift 键的同时，选中舞台中"按钮 1"和"按钮 3"实例，在"对齐"面板中单击"顶对齐"按钮 ，如图 9-12 所示，以按钮实例的顶部进行对齐，效果如图 9-13 所示。添加图片按钮音效制作完成，按 Ctrl+Enter 组合键即可查看效果，如图 9-14 所示。

图 9-12

图 9-13

图 9-14

9.1.2 音频的基本知识

1．取样率

取样率是指在进行数字录音时，单位时间内对模拟的音频信号进行提取样本的次数。取样率越高，声音质量越好。Flash CS6 经常使用 44kHz、22kHz 或 11kHz 的取样率对声音进行取样。例如，使用 22kHz 取样率取样的声音，每秒钟要对声音进行 22000 次分析，并记录每两次分析之间的差值。

2．位分辨率

位分辨率是指描述每个音频取样点的比特位数。例如，8 位的声音取样表示 2 的 8 次方或 256 级。用户可以将较高位分辨率的声音转换为较低位分辨率的声音。

3．压缩率

压缩率是指文件压缩前后大小的比率，用于描述数字声音的压缩效率。

9.1.3 声音素材的格式

Flash CS6 提供了许多使用声音的方式。它可以使声音独立于时间轴连续播放，或使动画和一个音轨同步播放。可以向按钮添加声音，使按钮具有更强的互动性，还可以通过声音淡入淡出产生更优美的声音效果。下面介绍可导入 Flash CS6 中的常见的声音文件格式。

1．WAV 格式

WAV 格式可以直接保存对声音波形的取样数据，数据没有经过压缩，所以音质较好，但 WAV 格式的声音文件通常文件量比较大，会占用较多的磁盘空间。

2．MP3 格式

MP3 格式是一种压缩的声音文件格式。同 WAV 格式相比，MP3 格式的文件量只有 WAV 格式的 1/10。其优点为体积小、传输方便、声音质量较好，已经被广泛应用到电脑音乐中。

3．AIFF 格式

AIFF 格式支持 MAC 平台，支持 16 位 44kHz 立体声。只有系统上安装了 QuickTime 4 或更高版本，才可使用此声音文件格式。

4．AU 格式

AU 格式是一种压缩声音文件格式，只支持 8 位的声音，是 Internet 上常用的声音文件格式。只有系统上安装了 QuickTime 4 或更高版本，才可使用此声音文件格式。

声音文件要占用大量的磁盘空间和内存，所以，一般为提高 Flash 作品在网上的下载速度，常使用 MP3 声音文件格式。它的声音资料经过了压缩，比 WAV 或 AIFF 声音的体积小。在 Flash CS6 中只能导入采样比率为 11kHz、22kHz 或 44kHz，位分辨率为 8 位或 16 位的声音。通常，为了 Flash 作品在网上有较满意的下载速度而使用 WAV 或 AIFF 文件时，最好使用 16 位 22kHz 单声道格式。

9.1.4　导入声音素材并添加声音

Flash CS6 在库中保存声音以及位图和组件。与图形组件一样，只需要一个声音文件的副本就可在文档中以各种方式使用这个声音文件。

（1）为动画添加声音，打开光盘中的"01"素材文件，如图 9-15 所示。选择"文件 ＞ 导入 ＞ 导入到库"命令，在"导入"对话框中选中"02"声音文件，单击"打开"按钮，将声音文件导入到"库"面板中，如图 9-16 所示。

（2）单击"时间轴"面板下方的"新建图层"按钮 ，创建新的图层"图层 1"作为放置声音文件的图层，如图 9-17 所示。

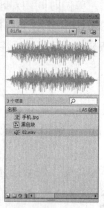

图 9-15　　　　　　　　　　　图 9-16　　　　　　　　　图 9-17

（3）在"库"面板中选中声音文件，按住鼠标不放，将其拖曳到舞台窗口中，如图 9-18 所示。松开鼠标，在"图层 1"中出现声音文件的波形，如图 9-19 所示。声音添加完成，按 Ctrl+Enter 组合键，测试添加效果。

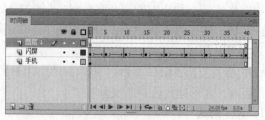

图 9-18　　　　　　　　　　　　　　　　　图 9-19

一般情况下，将每个声音放在一个独立的层上，每个层都作为一个独立的声音通道。当播放动画文件时，所有层上的声音将混合在一起。

9.1.5 属性面板

在"时间轴"面板中选中声音文件所在图层的第 1 帧，按 Ctrl+F3 组合键，弹出帧"属性"面板，如图 9-20 所示。

"名称"选项：可以在此选项的下拉列表中选择"库"面板中的声音文件。

"效果"选项：可以在此选项的下拉列表中选择声音播放的效果，如图 9-21 所示。

图 9-20

图 9-21

"无"选项：不对声音文件应用效果。选择此选项后可以删除以前应用于声音的特效。

"左声道"选项：只在左声道播放声音。

"右声道"选项：只在右声道播放声音。

"向右淡出"选项：选择此选项，声音从左声道渐变到右声道。

"向左淡出"选项：选择此选项，声音从右声道渐变到左声道。

"淡入"选项：选择此选项，在声音的持续时间内逐渐增加其音量。

"淡出"选项：选择此选项，在声音的持续时间内逐渐减小其音量。

"自定义"选项：选择此选项，弹出"编辑封套"对话框，通过自定义声音的淡入和淡出点来创建自己的声音效果。

"编辑声音封套"按钮 ：选择此选项，弹出"编辑封套"对话框，通过自定义声音的淡入和淡出点来创建自己的声音效果。

"同步"选项：此选项用于选择何时播放声音，如图 9-22 所示。其中各选项的含义如下。

"事件"选项：将声音和发生的事件同步播放。事件声音在它的起始关键帧开始显示时播放，并独立于时间轴播放完整个声音，即使影片文件停止也继续播放。当播放发布的 SWF 影片

图 9-22

文件时，事件声音混合在一起。一般情况下，当用户单击一个按钮播放声音时选择事件声音。如果事件声音正在播放，而声音再次被实例化（如用户再次单击按钮），则第一个声音实例继续播放，另一个声音实例同时开始播放。

"开始"选项：与"事件"选项的功能相近，但如果所选择的声音实例已经在时间轴的其他地方播放，则不会播放新的声音实例。

"停止"选项：使指定的声音静音。在时间轴上同时播放多个声音时，可指定其中一个为静音。

"数据流"选项：使声音同步，以便在 Web 站点上播放。Flash 强制动画和音频流同步。

换句话说，音频流随动画的播放而播放，随动画的结束而结束。当发布 SWF 文件时，音频流混合在一起。一般给帧添加声音时使用此选项。音频流声音的播放长度不会超过它所占帧的长度。

在 Flash 中有两种类型的声音：事件声音和音频流。事件声音必须完全下载后才能开始播放，除非明确停止，它将一直连续播放。音频流在前几帧下载了足够的资料后就开始播放，音频流可以和时间轴同步，以便在 Web 站点上播放。

"重复"选项：用于指定声音循环的次数。可以在选项后的数值框中设置循环次数，如图 9-23 所示。

"循环"选项：用于循环播放声音。一般情况下，不循环播放音频流。如果将音频流设为循环播放，帧就会添加到文件中，文件的大小就会根据声音循环播放的次数而倍增。

图 9-23

9.1.6 压缩声音素材

由于网络速度的限制，制作动画时必须考虑其文件的大小。而带有声音的动画由于声音本身也要占空间，往往制作出的动画文件体积较大，它在网上的传输就要受到影响。为了解决这个问题，Flash CS6 提供了声音压缩功能，让动画制作者根据需要决定声音压缩率，以达到用户所需的动画文件量大小。

如果动画制作采用较高的声音压缩和较低的声音采样率，那么得到的声音文件会非常小，但这就要牺牲声音的听觉效果。一旦动画要在网上发布，首先考虑的是传输速度，要将压缩率放到首位，但同时也要考虑动画的听觉效果。所以并不是压缩率越大越好，要根据需要反复试验，找出合适的压缩率，以实现最大的效果速度比。

设置声音的压缩有两种方法。

（1）为单个声音选择压缩设置。鼠标右键单击"库"面板中要压缩的声音文件，在弹出的菜单中选择"属性"选项，弹出"声音属性"对话框，根据需要设定"压缩"选项即可，如图 9-24 所示。

（2）为事件声音或音频流选择全局压缩设置。选择"文件 > 发布设置"命令，在弹出的"发布设置"对话框中为事件声音或音频流选择全局压缩设置，这些全局设置就会应用于单个事件声音或所有的音频流，如图 9-25 所示。

鼠标双击"库"面板中的声音文件，弹出"声音属性"对话框，如图 9-24 所示。在对话框右侧有多个按钮。

"更新"按钮 更新(U)：声音文件导入以后，Flash CS6 会在影片文件内部创建该声音的副本。如果外部的声音文件被修改编辑过，可以单击此按钮，来更新影片文件内部的声音副本。

"导入"按钮 导入(I)...：单击此按钮，弹出"导入声音"对话框，可以导入新的声音文件代替原有的声音文件，并将原有声音的所有实例改为新导入的声音文件。

"测试"按钮 测试(T)：单击此按钮，可以测试导入的声音效果。

"停止"按钮 停止(S)：单击此按钮，可以在任意点暂停播放声音。

对话框下方的"压缩"选项可以控制导出的 SWF 文件中的声音品质和大小。"压缩"选项中各选项的功能如下。

（1）"默认"压缩：选择此选项，使用默认的设置压缩声音。当导出 SWF 文件时，使用"发布设置"对话框中的全局压缩设置。

（2）"ADPCM"压缩：用于设置 8 位或 16 位声音资料的压缩设置。这种压缩方式适用于简短的声音事件中，如按钮声音。

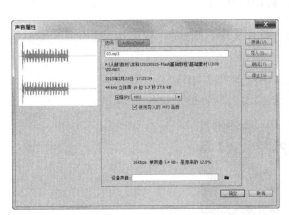

图 9-24

图 9-25

知识提示　　如果一个声音的录制是 22 kHz 单声道，即使把取样速度改为 44 kHz，音质改为立体声，Flash 仍然按照 22 kHz 单声道输出声音。

（3）"MP3"压缩：是用 MP3 压缩格式导出声音。一般情况下，当导出像乐曲这样较长的音频流时，使用此选项。这种压缩方式可以使文件量减为原有文件大小的 1/10。此压缩方式最好用于非循环声音。若选择 MP3 压缩，还需要设置下述相关的选项，如图 9-26 所示。

"预处理"选项：勾选此复选框可以将立体声转换为单声道。使用这种方法可将声音的文件量减少一半。单声道声音不受此选项影响。（此选项在"比特率"选项小于或等于 16kbps 时为不可用。）

"比特率"选项：用于设置导出的声音文件中每秒播放的位数。其数值越大，声音的容量和质量也越高。Flash CS6 支持 8 kbps ~ 160 kbps CBR（恒定比特率）。要获得最佳的声音效果需将比特率设为 16 kbps 或更高。

"品质"选项：用于设置压缩速度和声音品质。

（4）"Raw"压缩：这种压缩格式不是真正的压缩，它可以将立体声转换为单声道，并允许导出声音时用新的采样率进行再采样。例如，原来导入的是 44 kHz 的声音文件，可以将其转换为 11 kHz 的文件导出，但并不进行压缩。若选择原始压缩，还需要设置下述相关的选项，如图 9-27 所示。

（5）"语音"压缩：是用一个特别适合于语音的压缩方式导出声音。若选择语音压缩，还需要设置"采样率"选项来控制声音的保真度和文件大小，如图 9-28 所示。

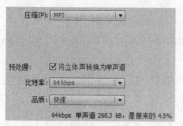

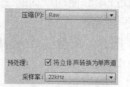

图 9-26　　　　　　　　　　　图 9-27　　　　　　　　　图 9-28

9.2　课堂练习——为动画添加声音

【练习知识要点】使用创建传统补间命令制作人物补间动画，使用导入命令导入声音文件，使用属性面板改变人物色彩属性。

【素材所在位置】光盘/Ch09/素材/为动画添加声音/01~05。

【效果所在位置】光盘/Ch09/效果/为动画添加声音.fla，如图 9-29 所示。

图 9-29

9.3　课后习题——制作英语屋

【习题知识要点】使用文本工具、颜色面板、对齐面板来完成效果的制作。

【素材所在位置】光盘/Ch09/素材/制作英语屋/01~27。

【效果所在位置】光盘/Ch09/效果/制作英语屋.fla，如图 9-30 所示。

图 9-30

PART 10

第 10 章
动作脚本的应用

本章介绍

在 Flash CS6 中，如果要实现一些复杂多变的动画效果，就要涉及动作脚本，可以通过输入不同的动作脚本来实现高难度的动画效果。本章将介绍动作脚本的基本术语和使用方法。读者通过学习要了解并掌握应用不同的动作脚本来实现千变万化的动画效果。

学习目标

- 了解数据类型。
- 掌握语法规则。
- 掌握变量和函数。
- 掌握表达式和运算符。

技能目标

- 掌握"精美闹钟"的制作方法和技巧。
- 了解动作面板的基本构造，并掌握其中各术语的含义。
- 掌握动作脚本的应用方法和技巧。

10.1　动作面板与动作脚本的使用

　　动作脚本可以将变量、函数、属性和方法组成一个整体，控制对象产生各种动画效果。动作面板可以用于组织动作脚本，可以从动作列表中选择语句，也可自行编辑语句。

10.1.1　课堂案例——制作精美闹钟

　　【案例学习目标】使用变形工具调整图片的中心点，使用动作面板为图形添加脚本语言。

　　【案例知识要点】使用任意变形工具、动作面板来完成动画效果的制作，如图10-1所示。

　　【效果所在位置】光盘/Ch10/效果/制作精美闹钟.fla。

图 10-1

1．导入图形元件

　　（1）选择"文件 > 新建"命令，在弹出的"新建文档"对话框中选择"ActionScript 2.0"选项，单击"确定"按钮，进入新建文档舞台窗口。按 Ctrl+F3 组合键，弹出文档"属性"面板，单击面板中的"编辑文档属性"按钮🔧，弹出"文档设置"对话框，将"宽度"选项设为 425，"高度"选项设为 425，单击"确定"按钮，改变舞台窗口的大小。

　　（2）选择"文件 > 导入 > 导入到库"命令，在弹出的"导入到库"对话框中选择"Ch10 > 素材 > 制作精美闹钟 > 01、02、03、04、05"文件，单击"打开"按钮，文件被导入到"库"面板中，如图10-2所示。

　　（3）按 Ctrl+F8 组合键，弹出"创建新元件"对话框，在"名称"选项的文本框中输入"时针"，在"类型"选项下拉列表中选择"影片剪辑"选项，单击"确定"按钮，新建影片剪辑元件"时针"，如图10-3所示。舞台窗口也随之转换为影片剪辑元件的舞台窗口。

　　（4）将"库"面板中的图形元件"03"拖曳到舞台窗口中，选择"任意变形"工具▦，将时针的下端与舞台中心点对齐（在操作过程中一定要将其与中心点对齐，否则要实现的效果将不会出现），效果如图10-4所示。

图 10-2　　　　　　　　图 10-3　　　　　　图 10-4

　　（5）单击"新建元件"按钮🔳，新建影片剪辑元件"分针"。舞台窗口也随之转换为"分针"元件的舞台窗口。将"库"面板中的图形元件"04"拖曳到舞台窗口中，选择"任意变形"工具▦，将分针的下端与舞台中心点对齐（在操作过程中一定要将其与中心点对齐，否则要实现的效果将不会出现），效果如图 10-5 所示。

（6）单击"新建元件"按钮![icon]，新建影片剪辑元件"秒针"，如图 10-6 所示，舞台窗口也随之转换为"秒针"元件的舞台窗口。将"库"面板中的图形元件"04"拖曳到舞台窗口中，选择"任意变形"工具![icon]，将秒针的下端与舞台中心点对齐（在操作过程中一定要将其与中心点对齐，否则要实现的效果将不会出现），效果如图 10-7 所示。

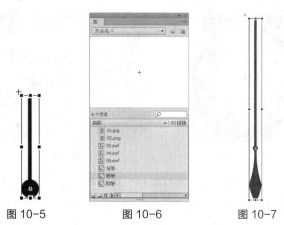

图 10-5　　　　　　图 10-6　　　　　　图 10-7

2．制作精美闹钟并添加脚本

（1）单击舞台窗口左上方的"场景 1"图标![场景 1]，进入"场景 1"的舞台窗口。将"图层 1"重新命名为"底图"，如图 10-8 所示。将"库"面板中的位图"01.jpg"拖曳到舞台窗口的中心位置，效果如图 10-9 所示。选中"底图"图层的第 2 帧，按 F5 键，插入帧。

图 10-8　　　　　　　　　　图 10-9

（2）在"时间轴"面板中创建新图层并将其命名为"钟表"，如图 10-10 所示。将"库"面板中的位图"02.png"拖曳到舞台窗口中适当的位置，效果如图 10-11 所示。

图 10-10　　　　　　　　　图 10-11

（3）单击"时间轴"面板下方的"新建图层"按钮，创建新图层并将其命名为"时针"。将"库"面板中的影片剪辑元件"时针"拖曳到舞台窗口中，将其放置在表盘上的适当位置，效果如图 10-12 所示。选择"选择"工具，选中时针实例，选择影片剪辑元件的"属性"面板，在"实例名称"选项框中输入 HHand，如图 10-13 所示。

图 10-12   图 10-13

（4）单击"时间轴"面板下方的"新建图层"按钮，创建新图层并将其命名为"分针"。将"库"面板中的影片剪辑元件"分针"拖曳到舞台窗口中，将其放置在表盘上的适当位置，效果如图 10-14 所示。选择"选择"工具，选中分针实例，选择影片剪辑元件的"属性"面板，在"实例名称"选项框中输入 MHand，如图 10-15 所示。

图 10-14   图 10-15

（5）单击"时间轴"面板下方的"新建图层"按钮，创建新图层并将其命名为"秒针"。将"库"面板中的影片剪辑元件"秒针"拖曳到舞台窗口中，将其放置在表盘上的适当位置，效果如图 10-16 所示。

（6）选择"选择"工具，选中秒针实例，选择影片剪辑元件的"属性"面板，在"实例名称"选项框中输入 SHand，如图 10-17 所示。

图 10-16   图 10-17

（7）在"时间轴"面板中创建新图层并将其命名为"动作脚本"。选择"窗口 > 动作"命令，弹出"动作"面板（其快捷键为 F9 键）。在"动作"面板中设置脚本语言，"脚本窗口"中显示的效果如图 10-18 所示。精美闹钟制作完成，按 Ctrl+Enter 键即可查看效果。

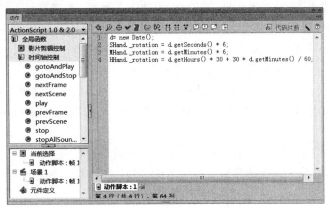

图 10-18

10.1.2　动作脚本中的术语

Flash CS6 既可以制作出生动的矢量动画，又可以利用脚本编写语言对动画进行编程，从而实现多种特殊效果。Flash CS6 使用了动作脚本 3.0，其功能更为强大，而且还可以延用以前版本的 1.0 或 2.0 动作脚本。脚本可以由单一的动作组成，如设置动画播放、停止的语言，也可以由复杂的动作组成，如设置先计算条件再执行动作。

动作脚本使用自己的术语，下面介绍常用的术语。

（1）Actions（动作）：用于控制影片播放的语句。例如，gotoAndPlay（转到指定帧并播放）动作将会播放动画的指定帧。

（2）Arguments（参数）：用于向函数传递值的占位符。例如，

Function display(text1,text2) {

displayText=text1+"my baby"+ text2

}

（3）Classes（类）：用于定义新的对象类型。若要定义类，必须在外部脚本文件中使用 Class 关键字，而不是在"动作"面板编写的脚本中使用此关键字。

（4）Constants(常量)：是个不变的元素。例如，常数 Key.TAB 的含义始终是不变，它代表 Tab 键。

（5）Constructors（构造函数）：用于定义一个类的属性和方法。根据定义，构造函数是类定义中与类同名的函数。例如，以下代码定义一个 Circle 类并实现一个构造函数。

// 文件 Circle.as

class Circle {

　　private var radius:Number

　　private var circumference:Number

// 构造函数

　　function Circle(radius:Number) {

　　circumference = 2 * Math.PI * radius;

　　}

}

（6）Data types（数据类型）：用于描述变量或动作脚本元素可以包含的信息种类。包括字符串、数字、布尔值、对象、影片剪辑等。

（7）Events（事件）：是在动画播放时发生的动作。例如，单击按钮事件、按下键盘事件、动画进入下一帧事件等。

（8）Expressions（表达式）：具有确定值的数据类型的任意合法组合，由运算符和操作数组成。例如，在表达式 x + 2 中，x 和 2 是操作数，而 + 是运算符。

（9）Functions（函数）：是可重复使用的代码块，它可以接受参数并能返回结果。

（10）Handler（事件处理函数）：用来处理事件发生，管理如 mouseDown 或 load 等事件的特殊动作。

（11）Identifiers（标识符）：用于标识一个变量、属性、对象、函数或方法。标识符的第一个字母必须是字母、下划线或者美元符号（$），随后的字符必须是字母、数字、下划线或者美元符号。

（12）Instances（实例）：是一个类初始化的对象。每一个类的实例都包含这个类中的所有属性和方法。

（13）Instance Names（实例名称）：脚本中用于表示影片剪辑实例和按钮实例的唯一名称。可以应用"属性"面板为舞台上的实例指定实例名称。

例如，库中的主元件可以名为 counter，而 SWF 文件中该元件的两个实例可以使用实例名称 scorePlayer1_mc 和 scorePlayer2_mc。下面的代码用实例名称设置每个影片剪辑实例中名为 score 的变量。

_root.scorePlayer1_mc.score += 1;
_root.scorePlayer2_mc.score -= 1;

（14）Keywords（关键字）：是具有特殊意义的保留字。例如，var 是用于声明本地变量的关键字。不能使用关键字作为标识符，例如，var 不是合法的变量名。

（15）Methods（方法）：是与类关联的函数。例如，getBytesLoaded( ) 是与 MovieClip 类关联的内置方法。也可以为基于内置类的对象或为基于创建类的对象，创建充当方法的函数，例如，在以下代码中，clear( ) 成为先前定义的 controller 对象的方法。

```
function reset( ){

    this.x_pos = 0;
    this.y_pos = 0;
}
controller.clear = reset;
controller.clear( );
```

（16）Objects（对象）：是一些属性的集合。每一个对象都有自己的名称，并且都是特定类的实例。

（17）Operators（运算符）：通过一个或多个值计算新值。例如，加法(+) 运算符可以将两个或更多个值相加到一起，从而产生一个新值。运算符处理的值称为操作数。

（18）Target Paths（目标路径）：动画文件中，影片剪辑实例名称、变量和对象的分层结构地址。可以在"属性"面板中为影片剪辑对象命名。主时间轴的名称在默认状态下为_root。可以使用目标路径控制影片剪辑对象的动作，或者得到和设置某一个变量的值。

例如，下面的语句是指向影片剪辑 stereoControl 内的变量 volume 的目标路径。

_root.stereoControl.volume

（19）Properties（属性）：用于定义对象的特性。例如，_visible 是定义影片剪辑是否可见的属性，所有影片剪辑都有此属性。

（20）Variables（变量）：用于存放任何一种数据类型的标识符。可以定义、改变和更新变量，也可在脚本中引用变量的值。

例如，在下面的示例中，等号左侧的标识符是变量。

var x = 5;

var name = "Lolo";

var c_color = new Color(mcinstanceName);

10.1.3　动作面板的使用

在动作面板中既可以选择 ActionScript3.0 的脚本语言，也可以应用 ActionScript 1.0&2.0 的脚本语言。选择"窗口 > 动作"命令，弹出"动作"面板，对话框的左上方为"动作工具箱"，左下方为"对象窗口"，右上方为功能按钮，右下方为"脚本窗口"，如图 10-19 所示。

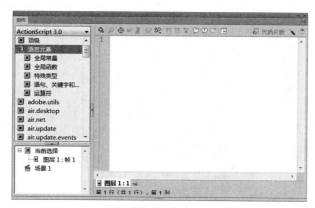

图 10-19

"动作工具箱"中显示了包含语句、函数、操作符等各种类别的文件夹。单击文件夹即可显示出动作语句，双击动作语句可以将其添加到"脚本窗口"中，如图 10-20 所示。也可单击对话框右上方的"将新项目添加到脚本中"按钮，在其弹出菜单中选择动作语句添加到"脚本窗口"中。还可以在"脚本窗口"中直接编写动作语句，如图 10-21 所示。

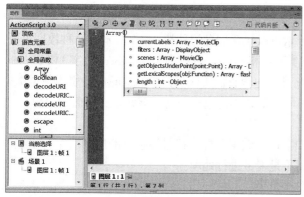

图 10-20

图 10-21

在面板右上方有多个功能按钮，分别为"将新项目添加到脚本中"按钮 、"查找"按钮 、"插入目标路径"按钮 、"语法检查"按钮 、"自动套用格式"按钮 、"显示代码提示"按钮 、"调试选项"按钮 、"折叠成对大括号"按钮 、"折叠所选"按钮 、"展开全部"按钮 、"应用块注释"按钮 、"应用行注释"按钮 、"删除注释"按钮 和"显示/隐藏工具箱"按钮 ，如图 10-22 所示。

图 10-22

如果当前选择的是帧，那么在"动作"面板中设置的是该帧的动作语句；如果当前选择的是一个对象，那么在"动作"面板中设置的是该对象的动作语句。

可以在"首选参数"对话框中设置"动作"面板的默认编辑模式。选择"编辑 > 首选参数"命令，弹出"首选参数"对话框，在对话框中选择"ActionScript"选项卡，如图 10-23 所示。

在"语法颜色"选项组中，不同的颜色用于表示不同的动作脚本语句，这样可以减少脚本中的语法错误。

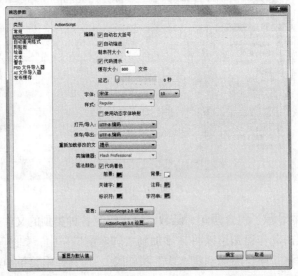

图 10-23

10.1.4 数据类型

数据类型描述了动作脚本的变量或元素可以包含信息的种类。动作脚本有两种数据类型：原始数据类型和引用数据类型。原始数据类型是指 String（字符串）、Number（数字）和 Boolean（布尔值），它们拥有固定类型的值，因此可以包含它们所代表元素的实际值。引用数据类型是指影片剪辑和对象，它们值的类型是不固定的，因此它们包含对该元素实际值的引用。

下面将介绍各种数据类型。

（1）String（字符串）。字符串是诸如字母、数字和标点符号等字符的序列。字符串必须用一对双引号标记。字符串被当作字符而不是变量进行处理。

例如，在下面的语句中，"L7" 是一个字符串。

favoriteBand = "L7";

（2）Number（数字型）。数字型是指数字的算术值。进行正确数学运算的值必须是数字数据类型。可以使用算术运算符加（＋）、减（－）、乘（＊）、除（／）、求模（％）、递增（＋＋）和递减（－－）来处理数字，也可以使用内置的 Math 对象的方法处理数字。

例如，使用 sqrt( )（平方根）方法返回数字 100 的平方根。

Math.sqrt(100);

（3）Boolean（布尔型）。值为 true 或 false 的变量被称为布尔型变量。动作脚本也会在需要时将值 true 和 false 转换为 1 和 0。在确定"是/否"的情况下，布尔型变量是非常有用的。布尔型变量在进行比较以控制脚本流的动作脚本语句中经常与逻辑运算符一起使用。

例如，在下面的脚本中，如果变量 password 为 true，则会播放该 SWF 文件。

```
var password:Boolean = true
fuction onClipEvent (e:Event) {
    password = true
        play( );
    }
```

（4）Movie Clip（影片剪辑型）。影片剪辑型是 Flash 影片中可以播放动画的元件。它们是唯一引用图形元素的数据类型。Flash 中的每个影片剪辑都是一个 Movie Clip 对象，它们拥有 Movie Clip 对象中定义的方法和属性。通过点（．）运算符可以调用影片剪辑内部的属性和方法。

例如，

my_mc.startDrag(true);

parent_mc.getURL("http://www.macromedia.com/support/" + product);

（5）Object（对象型）。对象型是指所有使用动作脚本创建的基于对象的代码。对象是属性的集合，每个属性都拥有自己的名称和值，属性的值可以是任何的 Flash 数据类型，甚至可以是对象数据类型。通过点运算符可以引用对象中的属性。

例如，在下面的代码中，hoursWorked 是 weeklyStats 的属性，而后者是 employee 的属性：

employee.weeklyStats.hoursWorked

（6）Null（空值）。空值数据类型只有一个值，即 null。这意味着没有值，即缺少数据。Null 可以用在各种情况中，如作为函数的返回值、表明函数没有可以返回的值、表明变量还没有接收到值、表明变量不再包含值等。

（7）Undefined（未定义）。未定义的数据类型只有一个值，即 undefined，用于尚未分配值的变量。如果一个函数引用了未在其他地方定义的变量，那么 Flash 将返回未定义数据类型。

10.1.5　语法规则

动作脚本拥有自己的一套语法规则和标点符号。下面将介绍相关内容。

（1）点运算符。

在动作脚本中点，点（．）用于表示与对象或影片剪辑相关联的属性或方法，也可用于标识影片剪辑或变量的目标路径。点运算符表达式是以影片或对象的名称开始，中间为点运算符，最后是要指定的元素。

例如，_x 影片剪辑属性指示影片剪辑在舞台上的 x 轴位置。表达式 ballMC._x 引用影片剪辑实例 ballMC 的 _x 属性。

又例如，ubmit 是 form 影片剪辑中设置的变量，此影片剪辑嵌在影片剪辑 shoppingCart 之中。表达式 shoppingCart.form.submit = true 将实例 form 的 submit 变量设置为 true。

无论是表达对象的方法还是影片剪辑的方法，均遵循同样的模式。例如，ball_mc 影片剪辑实例的 play( ) 方法在 ball_mc 的时间轴中移动播放头，用下面的语句表示：

ball_mc.play( );

点语法还使用两个特殊别名：_root 和 _parent。别名 _root 是指主时间轴。可以使用 _root 别名创建一个绝对目标路径。例如，下面的语句调用主时间轴上影片剪辑 functions 中的函数 buildGameBoard( )。

_root.functions.buildGameBoard( );

可以使用别名 _parent 引用当前对象嵌入到的影片剪辑，也可使用 _parent 创建相对目标路径。例如，如果影片剪辑 dog_mc 嵌入影片剪辑 animal_mc 的内部，则实例 dog_mc 的如下语句会指示 animal_mc 停止。

_parent.stop( );

（2）界定符。

大括号：动作脚本中的语句可被大括号包括起来组成语句块。例如：

```
// 事件处理函数
public Function myDate( ){
Var myDate:Date = new Date( );
currentMonth = myDate.getMMonth( );
}
```

分号：动作脚本中的语句可以由一个分号结束。如果在结尾处省略分号，Flash 仍然可以成功编译脚本。例如：

```
var column = passedDate.getDay( );
var row = 0;
```

圆括号：在定义函数时，任何参数定义都必须放在一对圆括号内。例如：

```
function myFunction (name, age, reader){
}
```

调用函数时，需要被传递的参数也必须放在一对圆括号内。例如：

```
myFunction ("Steve", 10, true);
```

可以使用圆括号改变动作脚本的优先顺序或增强程序的易读性。

（3）区分大小写。

在区分大小写的编程语言中，仅大小写不同的变量名（如 book 和 Book）被视为互不相同。Action Script 3.0 中标识符区分大小写，例如，下面两条动作语句是不同的。

```
cat.hilite = true;
CAT.hilite = true;
```

对于关键字、类名、变量、方法名等，要严格区分大小写。如果关键字大小写出现错误，在编写程序时就会有错误信息提示。如果采用了彩色语法模式，那么正确的关键字将以深蓝色显示。

（4）注释。

在"动作"面板中，使用注释语句可以在一个帧或者按钮的脚本中添加说明，有利于增加程序的易读性。注释语句以双斜线 // 开始，斜线显示为灰色，注释内容可以不考虑长度和语法，注释语句不会影响 Flash 动画输出时的文件量。例如：

```
public Function myDate( ){
    // 创建新的 Date 对象
var myDate:Date = new Date( );
currentMonth = myDate.getMMonth( );
    // 将月份数转换为月份名称
    monthName = calcMonth(currentMonth);
    year = myDate.getFullYear( );
    currentDate = myDate.getDate( );
}
```

（5）关键字。

动作脚本保留一些单词用于该语言总的特定用途，因此不能将它们用作变量、函数或标签的名称。如果在编写程序的过程中使用了关键字，动作编辑框中的关键字会以蓝色显示。为了避免冲突，在命名时可以展开动作工具箱中的 Index 域，检查是否使用了已定义的名字。

（6）常量。

常量中的值永远不会改变。所有的常量可以在"动作"面板的工具箱和动作脚本字典中找到。

10.1.6　变量

变量是包含信息的容器。容器本身不会改变，但内容可以更改。当第一次定义变量时，最好为变量定义一个已知值，这就是初始化变量，通常在 SWF 文件的第 1 帧中完成。每一个影片剪辑对象都有自己的变量，而且不同的影片剪辑对象中的变量相互独立并互不影响。

变量中可以存储的常见信息类型包括 URL、用户名、数字运算的结果、事件发生的次数等。

为变量命名必须遵循以下规则。

（1）变量名在其作用范围内必须是唯一的。

（2）变量名不能是关键字或布尔值（true 或 false）。

（3）变量名必须以字母或下划线开始，由字母、数字、下划线组成，其间不能包含空格，变量名没有大小写的区别。

变量的范围是指变量在其中已知并且可以引用的区域，它包含 3 种类型，具体如下。

（1）本地变量：在声明它们的函数体（由大括号决定）内可用。本地变量的使用范围只限于它的代码块，会在该代码块结束时到期，其余的本地变量会在脚本结束时到期。若要声明本地变量，可以在函数体内部使用 var 语句。

（2）时间轴变量：可用于时间轴上的任意脚本。要声明时间轴变量，应在时间轴的所有帧上都初始化这些变量。应先初始化变量，然后尝试在脚本中访问它。

（3）全局变量：对于文档中的每个时间轴和范围均可见。

不论是本地变量还是全局变量，都需要使用 var 语句。

10.1.7　函数

函数是用来对常量、变量等进行某种运算的方法，如产生随机数、进行数值运算、获取对象属性等。函数是一个动作脚本代码块，它可以在影片中的任何位置上重新使用。如果将值作为参数传递给函数，则函数将对这些值进行操作。函数也可以返回值。

调用函数可以用一行代码来代替一个可执行的代码块。函数可以执行多个动作，并为它们传递可选项。函数必须要有唯一的名称，以便在代码行中可以知道访问的是哪一个函数。

Flash CS6 具有内置的函数，可以访问特定的信息或执行特定的任务。例如，获得 Flash 播放器的版本号。属于对象的函数叫方法，不属于对象的函数叫顶级函数，可以在"动作"面板的"函数"类别中找到。

每个函数都具备自己的特性，而且某些函数需要传递特定的值。如果传递的参数多于函数的需要，多余的值将被忽略。如果传递的参数少于函数的需要，空的参数会被指定为 undefined 数据类型，这在导出脚本时，可能会导致出现错误。如果要调用函数，该函数必须在播放头到达的帧中。

动作脚本提供了自定义函数的方法，可以自行定义参数，并返回结果。当在主时间轴上或影片剪辑时间轴的关键帧中添加函数时，即是在定义函数。所有的函数都有目标路径。所有的函数需要在名称后跟一对括号( )，但括号中是否有参数是可选的。一旦定义了函数，就可以从任何一个时间轴中调用它，包括加载 SWF 文件的时间轴。

10.1.8　表达式和运算符

表达式是由常量、变量、函数和运算符按照运算法则组成的计算式。运算符是可以提供对数值、字符串、逻辑值进行运算的关系符号。运算符有很多种类，包括数值运算符、字符串运算符、比较运算符、逻辑运算符、位运算符和赋值运算符等。

（1）算术运算符及表达式。算术表达式是数值进行运算的表达式。它由数值、以数值为结果的函数、算术运算符组成，运算结果是数值或逻辑值。

在 Flash CS6 中可以使用的算术运算符如下。

+、-、*、/　　　　　　执行加、减、乘、除运算。

=、<>　　　　　　　　比较两个数值是否相等、不相等。

<、<=、>、>=　　　　比较运算符前面的数值是否小于、小于等于、大于、大于等于后面的数值。

（2）字符串表达式。字符串表达式是对字符串进行运算的表达式。它由字符串、以字符串为结果的函数、字符串运算符组成，运算结果是字符串或逻辑值。

在 Flash CS6 中可以参与字符串表达式的运算符如下。

&　　　　　　　　　　连接运算符两边的字符串。

Eq 、Ne　　　　　　　判断运算符两边的字符串是否相等或不相等。

Lt 、Le 、Qt 、Qe　　判断运算符左边字符串的 ASCII 码是否小于、小于等于、大于、大于等于右边字符串的 ASCII 码。

（3）逻辑表达式。逻辑表达式是对正确、错误结果进行判断的表达式。它由逻辑值、以逻辑值为结果的函数、以逻辑值为结果的算术或字符串表达式和逻辑运算符组成，运算结果是逻辑值。

（4）位运算符。位运算符用于处理浮点数。运算时先将操作数转化为 32 位的二进制数，然后对每个操作数分别按位进行运算，运算后再将二进制的结果按照 Flash 的数值类型返回运算结果。

动作脚本的位运算符包括&（位与）、/（位或）、^（位异或）、~（位非）、<<（左移位）、>>（右移位）、>>>(填 0 右移位)等。

（5）赋值运算符。赋值运算符的作用是为变量、数组元素或对象的属性赋值。

10.2　课堂练习——制作系统时间表

【练习知识要点】使用任意变形工具、动作面板来完成效果的制作。

【素材所在位置】光盘/Ch10/素材/制作系统时间表/01~05。

【效果所在位置】光盘/Ch10/效果/制作系统时间表.fla，如图 10-24 所示。

图 10-24

10.3　课后习题——制作下雪效果

【习题知识要点】使用钢笔工具绘制雪花图形，使用动作面板来完成效果的制作。

【素材所在位置】光盘/Ch10/素材/制作下雪效果/01。

【效果所在位置】光盘/Ch10/效果/制作下雪效果.fla，如图 10-25 所示。

图 10-25

PART 11

第 11 章
交互式动画的制作

本章介绍

　　Flash 动画具有交互性，可以通过对按钮的控制来更改动画的播放形式。本章将介绍控制动画播放、按钮状态变化、添加控制命令的方法。读者通过学习要了解并掌握如何实现动画的交互功能，从而实现人机交互的操作方式。

学习目标

- 掌握播放和停止动画的方法。
- 掌握按钮事件的应用。
- 了解添加控制命令的方法。

技能目标

- 掌握"摄影俱乐部"的制作方法和技巧。
- 掌握"鼠标跟随效果"的制作方法和技巧。
- 掌握添加动作脚本制作交互式动画的方法和技巧。

11.1 播放和停止动画

Flash 动画交互性就是用户通过菜单、按钮、键盘和文字输入等方式，来控制动画的播放。交互是为了用户与计算机之间产生互动性，使计算机对用户的指示作出相应的反应。交互式动画就是动画在播放时支持事件响应和交互功能的一种动画，动画在播放时不是从头播到尾，而是可以接受用户控制。

命令介绍

播放和停止动画：通过脚本语言的设置控制动画的播放和停止。

11.1.1 课堂案例——制作摄影俱乐部

【案例学习目标】使用浮动面板添加动作脚本语言。

【案例知识要点】使用绘图工具绘制图形，使用创建传统补间命令制作动画，使用动作面板添加脚本语言，如图11-1所示。

【效果所在位置】光盘/Ch11/效果/制作摄影俱乐部.fla。

图 11-1

1．制作元件

（1）选择"文件 > 新建"命令，在弹出的"新建文档"对话框中选择"ActionScript 3.0"选项，单击"确定"按钮，进入新建文档舞台窗口。按 Ctrl+F3 组合键，弹出文档"属性"面板，单击面板中的"编辑文档属性"按钮🔧，弹出"文档设置"对话框，将"宽度"选项设为600，"高度"选项设为434，将"背景颜色"选项设为黄色（#FFCC00），单击"确定"按钮，改变舞台窗口的大小和颜色。

（2）选择"文件 > 导入 > 导入到库"命令，在弹出的"导入到库"对话框中选择"Ch11 > 素材 > 制作摄影俱乐部 > 01~09"文件，单击"打开"按钮，文件被导入到"库"面板中，如图11-2所示。

（3）按 Ctrl+F8 组合键，弹出"创建新元件"对话框，在"名称"选项的文本框中输入"图片"，在"类型"选项下拉列表中选择"图形"选项，如图11-3所示，单击"确定"按钮，新建图形元件"图片"，如图11-4所示。舞台窗口也随之转换为图形元件的舞台窗口。

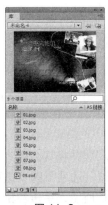

图 11-2

图 11-3

图 11-4

（4）分别将"库"面板中的位图"02""03""04""05""06""07""08"拖曳到舞台

窗口中的适当的位置，如图 11-5 所示。选择"选择"工具 ，将所有的图片同时选取，如图 11-6 所示。

图 11-5

图 11-6

（5）选择"窗口 > 对齐"命令，弹出"对齐"面板，在"对齐"面板中分别单击"垂直中齐"按钮 、"水平居中分布"按钮 ，将图片垂直居中并水平居中分布，效果如图 11-7 所示。

图 11-7

（6）按 Ctrl+F8 组合键，弹出"创建新元件"对话框，在"名称"选项的文本框中输入"播放"，在"类型"选项下拉列表中选择"按钮"选项，单击"确定"按钮，新建按钮元件"播放"，如图 11-8 所示。舞台窗口也随之转换为按钮元件的舞台窗口。

（7）将"图层 1"重命名为"图形"，将"库"面板中的位图"09.swf"拖曳到舞台窗口中适当的位置，效果如图 11-9 所示。选中"指针经过"帧，按 F5 键，插入帧。

图 11-8

图 11-9

（8）单击"时间轴"面板下方的"新建图层"按钮 ，创建新图层并将其命名为"三角形"。选择"多角星形"工具 ，在"属性"面板中单击"工具设置"选项下的"选项"按钮，弹出"工具设置"对话框，将"边数"选项设为 3，如图 11-10 所示，单击"确定"按钮，在"属性"面板中将"笔触颜色"设为无，"填充颜色"设为白色，其他选项的设置如图 11-11 所示，在舞台窗口中绘制 1 个三角形，效果如图 11-12 所示。

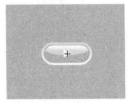

| 图 11-10 | 图 11-11 | 图 11-12 |

（9）选中"指针经过"帧，按 F6 键，插入关键帧，如图 11-13 所示，在工具箱中将"填充颜色"设为红色（#FF0000），效果如图 11-14 所示。用相同的方法制作按钮元件"停止"，效果如图 11-15 所示。

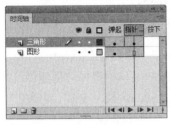

| 图 11-13 | 图 11-14 | 图 11-15 |

2．制作照片浏览动画

（1）单击舞台窗口左上方的"场景 1"图标 场景 1，进入"场景 1"的舞台窗口。将"图层 1"重新命名为"底图"。将"库"面板中的位图"01.jpg"文件拖曳到舞台窗口的中心位置，效果如图 11-16 所示。选中"底图"图层的第 120 帧，按 F5 键，插入普通帧，如图 11-17 所示。

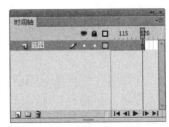

| 图 11-16 | 图 11-17 |

（2）单击"时间轴"面板下方的"新建图层"按钮 ，创建新图层并将其命名为"胶片"，如图 11-18 所示。选择"文件 > 导入 > 导入到舞台"命令，在弹出的"导入"对话框中选择"Ch11 > 素材 > 制作摄影俱乐部 >10"文件，单击"打开"按钮，将文件导入到舞台窗口中，并将其拖曳到适当的位置，效果如图 11-19 所示。

（3）单击"时间轴"面板下方的"新建图层"按钮 ，创建新图层并将其命名为"图片"。将"库"面板中的图形元件"图片"拖曳到舞台窗口中的适当位置，如图 11-20 所示。选中"图片"图层的第 120 帧，按 F6 键，插入关键帧。选择"选择"工具 ，选中"图片"实例，按 Shift 键的同时，水平向右拖曳鼠标到适当的位置，效果如图 11-21 所示。

图 11-18　　　　　　　　　　　图 11-19

图 11-20　　　　　　　　　　　图 11-21

（4）用鼠标右键单击"图片"图层的第 1 帧，在弹出的菜单中选择"创建传统补间"命令，在第 1 帧和第 120 帧之间生成传统补间动画，如图 11-22 所示。

（5）新建图层并将其命名为"矩形条"。选择"矩形"工具 ，在工具箱中将"笔触颜色"设为无，"填充颜色"设为白色，在舞台窗口中绘制 1 个矩形，效果如图 11-23 所示。

图 11-22　　　　　　　　　　　图 11-23

（6）用鼠标右键单击"矩形条"图层，在弹出的菜单中选择"遮罩层"命令，将"矩形条"图层转换为遮罩层，如图 11-24 所示，舞台窗口中的效果如图 11-25 所示。

（7）新建图层并将其命名为"按钮"。分别将"库"面板中的按钮元件"播放"和"停止"拖曳到舞台窗口中适当的位置，效果如图 11-26 所示。

图 11-24　　　　　　　　图 11-25　　　　　　　　图 11-26

（8）在舞台窗口中选中"播放"实例，在按钮元件"属性"面板中的"实例名称"选项框中输入 start_Btn，如图 11-27 所示。在舞台窗口中选中"停止"实例，在按钮元件"属性"面板中的"实例名称"选项框中输入 stop_Btn，如图 11-28 所示。

图 11-27　　　　　　　　　　图 11-28

（9）新建图层并将其命名为"动作脚本"。选择"窗口 > 动作"命令，弹出"动作"面板（其快捷键为 F9 键）。在"动作"面板中设置脚本语言，"脚本窗口"中显示的效果如图 11-29 所示。摄影俱乐部制作完成，按 Ctrl+Enter 键即可查看效果，如图 11-30 所示。

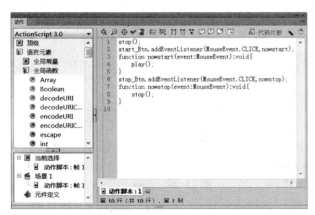

图 11-29　　　　　　　　　　图 11-30

11.1.2　播放和停止动画

控制动画的播放和停止所使用的动作脚本如下。

（1）on：事件处理函数，指定触发动作的鼠标事件或按键事件。

例如：

on (press) {

}

此处的"press"代表发生的事件，可以将"press"替换为任意一种对象事件。

（2）play：用于使动画从当前帧开始播放。

例如：

on (press) {

play();

}

（3）stop：用于停止当前正在播放的动画，并使播放头停留在当前帧。

例如：

```
on (press) {
stop();
}
```

（4）addEventListener()：用于添加事件的方法。

例如：

所要接收事件的对象.addEventListener(事件类型、事件名称、事件响应函数的名称);

```
{
//此处是为响应的事件所要执行的动作
}
```

打开光盘中的"01"素材文件。在"库"面板中新建一个图形元件"热气球"，如图11-31所示，舞台窗口也随之转换为图形元件的舞台窗口，将"库"面板中的位图"02"拖曳到舞台窗口中，效果如图11-32所示。

图 11-31　　　　　　图 11-32

单击舞台窗口左上方的"场景1"图标，进入"场景1"的舞台窗口。单击"时间轴"面板下方的"新建图层"按钮，创建新图层并将其命名为"热气球"，如图11-33所示。将"库"面板中的图形元件"热气球"拖曳到舞台窗口中，效果如图11-34所示。选中"底图"图层的第30帧，按F5键，插入普通帧，如图11-35所示。

图 11-33　　　　　　　　图 11-34　　　　　　　　图 11-35

选中"热气球"图层的第30帧，按F6键，插入关键帧，如图11-36所示。选择"选择"工具，在舞台窗口中将热气球图形向上拖曳到适当的位置，如图11-37所示。

用鼠标右键单击"热气球"图层的第1帧，在弹出的菜单中选择"创建传统补间"命令，创建动作补间动画，如图11-38所示。

图 11-36

图 11-37

图 11-38

在"库"面板中新建一个按钮元件，使用矩形工具和文本工具绘制按钮图形，效果如图 11-39 所示。使用相同的方法再制作一个"停止"按钮元件，效果如图 11-40 所示。

单击舞台窗口左上方的"场景 1"图标 场景 1，进入"场景 1"的舞台窗口。单击"时间轴"面板下方的"新建图层"按钮 ，创建新图层并将其命名为"按钮"。将"库"面板中的按钮元件"播放"和"停止"拖曳到舞台窗口中，效果如图 11-41 所示。

图 11-39

图 11-40

图 11-41

选择"选择"工具 ，在舞台窗口中选中"播放"按钮实例，在"属性"面板中，将"实例名称"设为 start_Btn，如图 11-42 所示。用相同的方法将"停止"按钮实例的"实例名称"设为 stop_Btn，如图 11-43 所示。

图 11-42

图 11-43

单击"时间轴"面板下方的"新建图层"按钮 ，创建新图层并将其命名为"动作脚本"。选择"窗口 > 动作"命令，弹出"动作"面板，在"动作"面板中设置脚本语言，"脚本窗口"中显示的效果如图 11-44 所示。设置完成动作脚本后，关闭"动作"面板。在"动作脚本"图层中的第 1 帧上显示出一个标记"a"，如图 11-45 所示。

按 Ctrl+Enter 组合键，查看动画效果。当单击停止按钮时，动画停止在正在播放的帧上，效果如图 11-46 所示。单击播放按钮后，动画将继续播放。

图 11-44 图 11-45 图 11-46

11.2 按钮事件及添加控制命令

按钮是交互动画的常用控制方式，可以利用按钮来控制和影响动画的播放，实现页面的链接、场景的跳转等功能。可以通过添加控制命令制作出跟随鼠标动的动画效果。

命令介绍

交互按钮：是交互动画经常使用的一种方式。

添加控制命令：应用脚本语言添加控制命令，制作鼠标跟随效果。

11.2.1 课堂案例——制作鼠标跟随效果

【案例学习目标】使用绘图工具、文本工具和浮动面板制作动画效果。

【案例知识要点】使用矩形工具绘制矩形，使用文本工具输入文本，使用动作面板添加动作脚本语言，如图 11-47 所示。

图 11-47

【效果所在位置】光盘/Ch11/效果/制作鼠标跟随效果.fla。

（1）选择"文件 > 新建"命令，在弹出的"新建文档"对话框中选择"ActionScript 3.0"选项，单击"确定"按钮，进入新建文档舞台窗口。按 Ctrl+F3 组合键，弹出文档"属性"面板，单击面板中的"编辑文档属性"按钮，弹出"文档设置"对话框，将"宽度"选项设为 696，"高度"选项设为 232，将"背景颜色"选项设为黑色，单击"确定"按钮，改变舞台窗口的大小和颜色。

（2）在"库"面板下方单击"新建元件"按钮，弹出"创建新元件"对话框，在"名称"选项的文本框中输入"渐变矩形"，在"类型"选项的下拉列表中选择"图形"选项，单击"确定"按钮，新建一个图形元件"渐变矩形"，如图 11-48 所示。舞台窗口也随之转换为图形元件的舞台窗口。

（3）选择"矩形"工具，在工具箱中将"笔触颜色"设为无，"填充颜色"设为白色，在舞台窗口中绘制一个矩形，如图 11-49 所示。

（4）选择"窗口 > 颜色"命令，弹出"颜色"对话框，在"类型"选项的下拉列表中选择"径向渐变"，选中色带上左侧的色块，将其设为白色，并将"Alpha"选项设为 0，选中色带上右侧的色块，也将其设为白色，并将"Alpha"选项设为 50，如图 11-50 所示。选择"颜料桶"工具，在白色矩形内部单击，将白色矩形填充为渐变色，效果如图 11-51 所示。

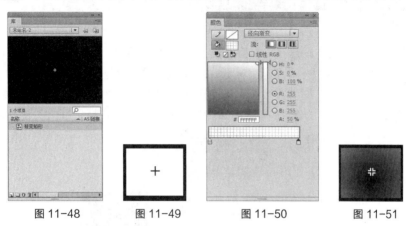

图 11-48   图 11-49   图 11-50   图 11-51

（5）在"库"面板中新建一个图形元件并将其命名为"矩形"。选择"矩形"工具，在工具箱中将"笔触颜色"设为淡黄色（#FFFFCC），"填充颜色"设为无，在舞台窗口中绘制一个矩形，如图 11-52 所示。新建一个图层"图层 2"。选择"线条"工具，在舞台窗口绘制两条相交的直线，效果如图 11-53 所示。

（6）在"库"面板下方单击"新建元件"按钮，弹出"创建新元件"对话框，在"名称"选项的文本框中输入"矩形动"，在"类型"选项的下拉列表中选择"影片剪辑"选项，单击"确定"按钮，新建一个图形元件"矩形动"，如图 11-54 所示。舞台窗口也随之转换为影片剪辑元件的舞台窗口。

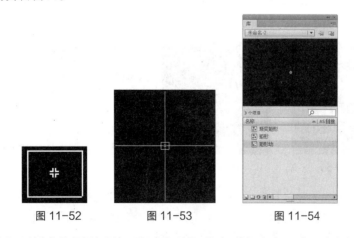

图 11-52   图 11-53   图 11-54

（7）将"库"面板中的图形元件"渐变矩形"拖曳到舞台窗口中，如图 11-55 所示。选中"图层 1"的第 20 帧，按 F6 键，在该帧上插入关键帧。选择"任意变形"工具，在舞台窗口中将渐变矩形放大，效果如图 11-56 所示。选择"选择"工具，选中渐变矩形，选择图形元件的"属性"面板，在"色彩效果"选项组中"样式"选项的下拉列表中选择"Alpha"，将其值设为 0，如图 11-57 所示。

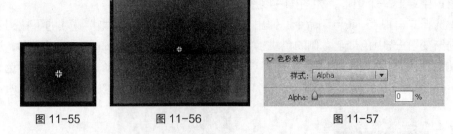

图 11-55　　　　　　　图 11-56　　　　　　　　　　　图 11-57

（8）用鼠标右键单击"图层1"的第1帧，在弹出的菜单中选择"创建传统补间"命令，生成动作补间动画，如图11-58所示。新建一个图层"图层2"。将"库"面板中的图形元件"矩形"拖曳到舞台窗口中，调整其大小，并将其放置在渐变矩形的中心位置，效果如图11-59所示。分别选中"图层2"的第15帧和第20帧，按F6键，在该帧上插入关键帧。

图 11-58　　　　　　　图 11-59

（9）选中"图层2"的第15帧，用"任意变形"工具 将舞台窗口中的矩形放大，并选择图形元件的"属性"面板，在"色彩效果"选项组中"样式"选项的下拉列表中选择"Alpha"，将其值设为20，效果如图11-60所示。选中"图层2"的第20帧，用"任意变形"工具 将舞台窗口中的矩形缩小，并选择图形元件的"属性"面板，在"色彩效果"选项组中"样式"选项的下拉列表中选择"Alpha"，将其值设为0，效果如图11-61所示。

（10）分别用鼠标右键单击"图层2"的第1帧和第15帧，在弹出的菜单中选择"创建传统补间"，生成动作补间动画，如图11-62所示。

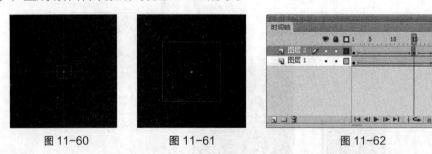

图 11-60　　　　　　　图 11-61　　　　　　　　　图 11-62

（11）新建一个图层并将其命名为"动作脚本"。选中"动作脚本"图层的第20帧，按F6键，在该帧上插入关键帧。选择"窗口 > 动作"命令，弹出"动作"面板（其快捷键为F9键）。在"脚本窗口"中输入脚本语言，"动作"面板中的显示效果如图11-63所示。

（12）单击舞台窗口左上方的"场景1"图标 场景1，进入"场景1"的舞台窗口。将"图层1"重新命名为"底图"。按Ctrl+R组合键，弹出"导入"对话框，在对话框中选择"Ch11 > 素材 > 制作鼠标跟随效果 > 01"文件，单击"打开"按钮，将文件导入到舞台窗口中，并将其拖曳到舞台中心的位置，效果如图11-64所示。

```
1  stop();
2  root.removeChild(this);
```

图 11-63

图 11-64

（13）新建图层并将其命名为"文字"。选择"文本"工具 T，在文本工具"属性"面板中进行设置，在舞台窗口中适当的位置输入大小为 99，字体为"a bug's life"的白色英文，文字效果如图 11-65 所示。再次在舞台窗口中输入大小为 43，字体为"方正正大黑简体"的白色文字，文字效果如图 11-66 所示。

图 11-65

图 11-66

（14）用鼠标右键单击"库"面板中的影片剪辑元件"矩形动"，在弹出的菜单中选择"属性"命令，弹出"元件属性"对话框，勾选"为 ActionScript 导出"复选框，在"类"文本框中输入类名称"Box"，如图 11-67 所示，单击"确定"按钮。

（15）新建图层并将其命名为"动作脚本"。选择"动作"面板，在"脚本窗口"中输入脚本语言，"动作"面板中的效果如图 11-68 所示。

图 11-67

图 11-68

（16）选择"文件 > ActionScript 设置"命令，弹出"高级 ActionScript 3.0 设置"对话框，在对话框中单击"严谨模式"选项前的复选框，去掉该选项的勾选，如图 11-69 所示，单击"确定"按钮。鼠标跟随效果制作完成，按 Ctrl+Enter 键即可查看效果，如图 11-70 所示。

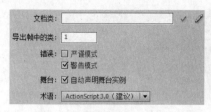

图 11-69　　　　　　　　　　　　　　　　　图 11-70

11.2.2　按钮事件

打开光盘中的"02"素材文件，调出"库"面板，如图 11-71 所示。在"库"面板中，用鼠标右键单击按钮元件"Play"，在弹出的菜单中选择"属性"命令，弹出"元件属性"对话框，勾选"为 ActionScript 导出"复选框，在"类"文本框中输入类名称"playbutton"，如图 11-72 所示，单击"确定"按钮。

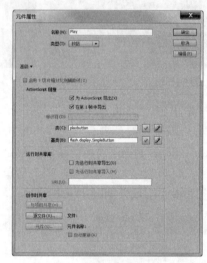

图 11-71　　　　　　　　　　　　图 11-72

单击"时间轴"面板下方的"新建图层"按钮 🔲，新键"图层 1"。选择"窗口 > 动作"命令，弹出"动作"面板（其快捷键为 F9 键）。在"脚本窗口"中输入脚本语言，"动作"面板中的效果如图 11-73 所示。按 Ctrl+Enter 键即可查看效果，如图 11-74 所示。

stop();
//处于静止状态
var playBtn:playbutton = new playbutton();
//创建一个按钮实例
　　playBtn.addEventListener(MouseEvent.CLICK, handleClick);
//为按钮实例添加监听器
var stageW=stage.stageWidth;
var stageH=stage.stageHeight;
//依据舞台的宽和高
playBtn.x=stageW/1.2;
playBtn.y=stageH/1.2;
this.addChild(playBtn);

//添加按钮到舞台中，并将其放置在舞台的左下角（"stageW/1.2""stageH/1.2"宽和高在 x 轴和 y 轴的坐标）

```
function handleClick( event:MouseEvent ) {
        gotoAndPlay(2);
}
```

//单击按钮时跳到下一帧并开始播放动画

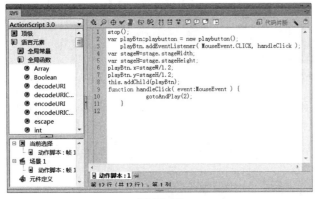

图 11-73   图 11-74

11.2.3 制作交互按钮

（1）新建空白文档，在"库"面板中新建一个按钮元件，舞台窗口也随之转换为按钮元件的舞台窗口。选择"窗口 > 颜色"命令，弹出"颜色"面板，在"类型"选项的下拉列表中选择"线性渐变"，在色带上将左边的颜色控制点设为橘黄色（#FF9900），将右边的颜色控制点设为红色（#FF0000），生成渐变色，如图 11-75 所示。

（2）选择"椭圆"工具 ⬭ ，在工具箱中将"笔触颜色"设为无，按住 Shift 键的同时，在舞台窗口中绘制 1 个圆形，效果如图 11-76 所示。选择"选择"工具 ▶ ，选中圆形，按 Ctrl+C 组合键，复制图形。按 Crtl+Shift+V 组合键，将复制的图形原位粘贴到当前的位置，效果如图 11-77 所示。选择"任意变形"工具 ▦ ，将粘贴的圆形缩小并旋转适当的角度，效果如图 11-78 所示。

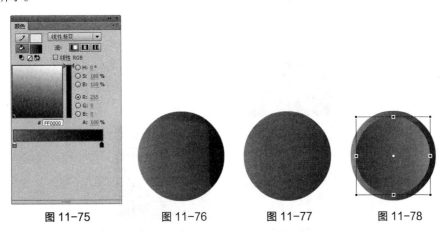

图 11-75   图 11-76   图 11-77   图 11-78

（3）选择"墨水瓶"工具 ⬤ ，在墨水瓶"属性"面板中将"笔触颜色"设为白色，"笔触"选项设为 2，其他选项的设置如图 11-79 所示。用鼠标在粘贴的圆边线上单击，勾画出圆形的轮廓，效果如图 11-80 所示。选择"选择"工具，选中上方的圆形，按 Ctrl+C 组合键，复制圆形。

图 11-79　　　　　　　　　　图 11-80

（4）将"背景颜色"设为黑色。在"库"面板中新建一个图形元件"圆"，舞台窗口也随之转换为图形元件的舞台窗口。选择"编辑 > 粘贴到当前位置"命令，将复制过的圆形进行粘贴，效果如图 11-81 所示。在工具箱中将"填充颜色"设为白色，圆形也随之改变，效果如图 11-82 所示。

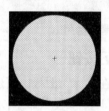

图 11-81　　　　　　　　　图 11-82

（5）在"库"面板中新建一个影片剪辑元件"高光动"，如图 11-83 所示，舞台窗口也随之转换为影片剪辑元件的舞台窗口。将图形元件"圆"拖曳到舞台窗口中，选中第 10 帧，按 F6 键，插入关键帧。选中舞台窗口中的"圆"实例，在图形"属性"面板中选择"色彩效果"选项组，在"样式"选项的下拉列表中选择"Alpha"，将其值设为 0。

（6）选中第 1 帧，选中舞台窗口中的"圆"实例，在图形"属性"面板中选择"色彩效果"选项组，在"样式"选项的下拉列表中选择"Alpha"，将其值设为 20，效果如图 11-84 所示。

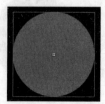

图 11-83　　　　　　　图 11-84

（7）用鼠标右键单击第 1 帧，在弹出的菜单中选择"创建传统补间"命令，在第 1 帧至第 10 帧之间创建传统补间，如图 11-85 所示。双击"库"面板中的按钮元件，舞台窗口转换为按钮元件的舞台窗口。在"时间轴"面板中分别选中"指针经过"帧和"按下"帧，按 F6 键，插入关键帧，如图 11-86 所示。

（8）选中"指针经过"帧，将"库"面板中的影片剪辑元件"高光动"拖曳到舞台窗口中，放置的位置和舞台窗口中上方的圆形重合，效果如图 11-87 所示。选中"按下"帧，选中舞台窗口中的所有图形，在"变形"面板中，将"宽度"和"高度"选项分别设为 80%，效果如图 11-88 所示。

图 11-85　　　　　　　图 11-86　　　　　　　图 11-87　　　　　图 11-88

（9）单击舞台窗口左上方的"场景 1"图标 ，进入"场景 1"的舞台窗口。将"库"面板中的按钮元件拖曳到舞台窗口中。交互按钮制作完成，按 Ctrl+Enter 组合键即可查看效果。按钮在不同状态时的效果如图 11-89 所示。

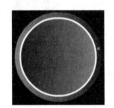

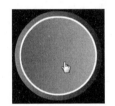

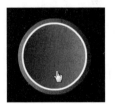

（a）按钮的"弹起"状态　　　（b）按钮的"指针经过"状态　　　（c）按钮的"按下"状态

图 11-89

11.3.4　添加控制命令

控制鼠标跟随所使用的脚本如下。

```
root.addEventListener(Event.ENTER_FRAME,元件实例);
function 元件实例(e:Event) {
var h:元件  = new 元件();
//添加一个元件实例
h.x=root.mouseX;
h.y=root.mouseY;
//设置元件实例在 x 轴和 y 轴的坐标位置
root.addChild(h);
//将元件实例放入场景
}
```

（1）新建空白文档。调出"库"面板，在"库"面板下方单击"新建元件"按钮 ，弹出"创建新元件"对话框，在"名称"选项的文本框中输入"多边形"，在"类型"选项的下拉列表中选择"图形"选项，单击"确定"按钮，新建一个图形元件"多边形"。舞台窗口也随之转换为图形元件的舞台窗口。

（2）选择"窗口 > 颜色"命令，弹出"颜色"面板，在"类型"选项的下拉列表中选择"线性渐变"，在色带上将左边的颜色控制点设为橘黄色（#FF9900），将右边的颜色控制点设为红色（#FF0000），生成渐变色，如图 11-90 所示。

（3）选择"多角星形"工具 ◯，单击多角星形工具"属性"面板中的"选项"按钮，弹出"工具设置"对话框，在"样式"选项的下拉列表中选择"多边形"，将"边数"选项设为6，其他选项的设置如图 11-91 所示，单击"确定"按钮。在多角星形工具"属性"面板中将"笔触颜色"设为无，其他选项的设置如图 11-92 所示。在舞台窗口中绘制多边形，效果如图 11-93 所示。

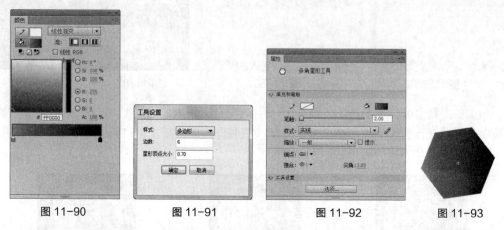

图 11-90   图 11-91   图 11-92   图 11-93

（4）在"库"面板下方单击"新建元件"按钮 ，弹出"创建新元件"对话框，在"名称"选项的文本框中输入"多边形动"，在"类型"选项的下拉列表中选择"影片剪辑"选项，单击"确定"按钮，新建一个影片剪辑元件"多边形动"，如图 11-94 所示。舞台窗口也随之转换为影片剪辑元件的舞台窗口。将"库"面板中的图形元件"多边形"拖曳到舞台窗口中，如图 11-95 所示。

（5）选中"图层 1"图层的第 20 帧，按 F6 键，插入关键帧。选中第 1 帧，选择"任意变形"工具 ，在舞台窗口中选择"多边形"实例，并将其缩小，效果如图 11-96 所示。用鼠标右键单击"图层 1"图层的第 1 帧，在弹出的菜单中选择"创建传统补间"命令，生成传统补间动画，如图 11-97 所示。

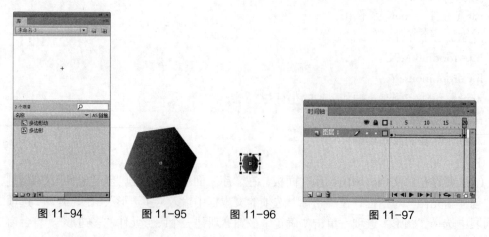

图 11-94   图 11-95   图 11-96   图 11-97

（6）单击舞台窗口左上方的"场景 1"图标  场景 1，进入"场景 1"的舞台窗口。用鼠标右键单击"库"面板中的影片剪辑元件"多边形动"，在弹出的菜单中选择"属性"命令，弹出"元件属性"对话框，勾选"为 ActionScript 导出"复选框，在"类"文本框中输入类名称"Circle"，如图 11-98 所示，单击"确定"按钮。

（7）选择"窗口 > 动作"命令，弹出"动作"面板（其快捷键为 F9 键）。在"脚本窗口"中输入脚本语言，"动作"面板中的效果如图 11-99 所示。

图 11-98

图 11-99

（8）选择"文件 > ActionScript 设置"命令，弹出"高级 ActionScript 3.0 设置"对话框，在对话框中单击"严谨模式"选项前的复选框，去掉该选项的勾选，如图 11-100 所示，单击"确定"按钮。鼠标跟随效果制作完成，按 Ctrl+Enter 键即可查看效果，如图 11-101 所示。

图 11-100

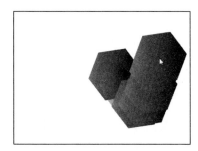

图 11-101

11.3　课堂练习——制作快乐农场

【练习知识要点】使用椭圆工具、多角星形工具和颜色面板绘制按钮图形，使用遮罩层命令将图片遮罩，使用动作面板设置脚本语言。

【素材所在位置】光盘/Ch11/素材/制作快乐农场/01~08。

【效果所在位置】光盘/Ch11/效果/制作快乐农场.fla，如图 11-102 所示。

图 11-102

11.4　课后习题——制作化妆品介绍栏

【习题知识要点】使用矩形工具和颜色面板制作按钮图形，使用文本工具添加文字和文字框，使用动作面板添加脚本语言。

【素材所在位置】光盘/Ch11/素材/制作化妆品介绍栏/01~05。

【效果所在位置】光盘/Ch11/效果/制作化妆品介绍栏.fla，如图 11-103 所示。

图 11-103

第 12 章
组件与行为

本章介绍

在 Flash CS6 中，系统预先设定了组件、行为、模板等功能来协助用户制作动画，从而提高了制作效率。本章将分别介绍组件、行为的分类及使用方法。读者通过学习要了解并掌握如何应用系统的自带功能高效地完成动画的制作。

学习目标

- 掌握组件的设置、分类与应用。
- 掌握行为面板的应用方法和技巧。

技能目标

- 掌握"脑筋急转弯问答"的制作方法和技巧。
- 了解 Flash CS6 中窗口菜单的组成，并掌握各类组件的作用。
- 掌握使用"Button"组件和"CheckBox"组件制作动画的方法和技巧。

12.1 组件

组件是一些复杂的带有可以定义参数的影片剪辑符号。组件的目的在于让开发人员重用和共享代码，封装复杂功能，这样在没有"动作脚本"时也能使用和自定义这些功能。

命令介绍

组件：一个组件就是一段影片剪辑，其中所带的参数由用户根据需要在创作 Flash 影片时进行设置。

12.2.1 课堂案例——制作脑筋急转弯问答

【案例学习目标】使用组件制作脑筋急转弯欣赏效果。

【案例知识要点】使用文本工具添加文字。使用组件面板添加组件，效果如图 12-1 所示。

【效果所在位置】光盘/Ch12/效果/制作脑筋急转弯问答. fla。

图 12-1

1．导入素材制作按钮元件

（1）选择"文件 > 新建"命令，在弹出的"新建文档"对话框中选择"ActionScript 2.0"选项，单击"确定"按钮，进入新建文档舞台窗口。按 Ctrl+F3 组合键，弹出文档"属性"面板，单击面板中的"编辑文档属性"按钮 🔧，弹出"文档设置"对话框，将"宽度"选项设为 500，"高度"选项设为 300，单击"确定"按钮，改变舞台窗口的大小。

（2）将"图层 1"重命名为"底图"。选择"文件 > 导入 > 导入到舞台"命令，在弹出的"导入"对话框中选择"Ch12 > 素材 > 制作脑筋急转弯问答 > 01"文件，单击"打开"按钮，文件被导入到舞台窗口中，效果如图 12-2 所示。选中"底图"图层的第 3 帧，插入普通帧，如图 12-3 所示。

图 12-2

图 12-3

（3）按 Ctrl+F8 组合键，弹出"创建新元件"对话框，在"名称"选项的文本框中输入"下一题"，在"类型"选项下拉列表中选择"按钮"选项，单击"确定"按钮，新建按钮元件"下一题"，如图 12-4 所示。舞台窗口也随之转换为箭头元件的舞台窗口。

（4）选择"文本"工具 T，在文本工具"属性"面板中进行设置，在舞台窗口中适当的位置输入大小为 12，字体为"方正大黑简体"的蓝色（#0033FF）文字，文字效果如图 12-5 所示。

（5）选中"点击"帧，按 F6 键，插入关键帧。选择"矩形"工具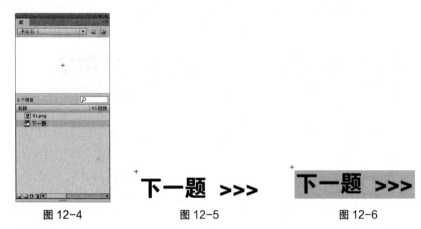，在工具箱中将"笔触颜色"设为无，"填充颜色"设为灰色（#999999），在舞台窗口中绘制 1 个矩形，效果如图 12-6 所示。

图 12-4　　　　　　　图 12-5　　　　　　　图 12-6

2．制作动画

（1）单击舞台窗口左上方的"场景 1"图标 ，进入"场景 1"的舞台窗口。在"时间轴"面板中创建新图层并将其命名为"按钮"，如图 12-7 所示。将"库"面板中的按钮元件"下一题"拖曳到舞台窗口中，放置在底图的右下角，效果如图 12-8 所示。

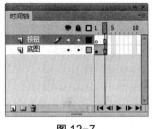

图 12-7　　　　　　　　　　　　图 12-8

（2）选中"按钮"图层的第 2 帧、第 3 帧，按 F6 键，插入关键帧。选中"按钮"图层的第 1 帧，选择"选择"工具 ，在舞台窗口中选择"下一题"实例，选择"窗口 > 动作"命令，弹出"动作"面板，在"动作"面板的"脚本窗口"中输入脚本语言，"动作"面板中的效果如图 12-9 所示。

（3）选中第 2 帧，选中舞台窗口中的"下一题"实例，在"动作"面板的"脚本窗口"中输入脚本语言，"动作"面板中的效果如图 12-10 所示。选中第 3 帧，选中舞台窗口中的"下一题"实例，在"动作"面板的"脚本窗口"中输入脚本语言，"动作"面板中的效果如图 12-11 所示。

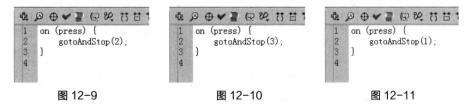

```
1  on (press) {
2      gotoAndStop(2);
3  }
4
```

```
1  on (press) {
2      gotoAndStop(3);
3  }
4
```

```
1  on (press) {
2      gotoAndStop(1);
3  }
4
```

图 12-9　　　　　　　图 12-10　　　　　　　图 12-11

（4）在"时间轴"面板中创建新图层并将其命名为"标题"。选择"文本"工具 ，在文本工具"属性"面板中进行设置,在舞台窗口中适当的位置输入大小为 24,字体为"方正大黑简体"的白色文字,文字效果如图 12-12 所示。

(5)在"时间轴"面板中创建新图层并将其命名为"问题"。在文本工具"属性"面板中进行设置,在舞台窗口中适当的位置输入大小为 16,字体为"黑体"的黑色文字,效果如图 12-13 所示。

图 12-12

图 12-13

(6)再次输入大小为 15,字体为"汉仪竹节体简"的黑色文字,文字效果如图 12-14 所示。选择"文本"工具 **T**,调出文本工具"属性"面板,在"文本类型"选项的下拉列表中选择"动态文本",如图 12-15 所示。

图 12-14

图 12-15

(7)在舞台窗口中文字"答案"的右侧拖曳出一个动态文本框,效果如图 12-16 所示。选中动态文本框,调出动态文本"属性"面板,在"选项"选项组中的"变量"文本框中输入"answer",如图 12-17 所示。

图 12-16

图 12-17

(8)分别选中"问题"图层的第 2 帧和第 3 帧,插入关键帧。选中第 2 帧,将舞台窗口中的文字"1、什么样的路不能走?"更改为"2、世界上除了火车啥车最长?",效果如图 12-18 所示。

(9)选中"问题"图层的第 3 帧,将舞台窗口中文字"1、什么样的路不能走?"更改为

"3、哪儿的海不产鱼?",效果如图 12-19 所示。在"时间轴"中创建新图层并将其命名为"答案",如图 12-20 所示。

图 12-18   图 12-19   图 12-20

（10）选择"窗口 > 组件"命令,弹出"组件"面板,选中"User Interface"组中的"Button"组件，如图 12-21 所示。将"Button"组件拖曳到舞台窗口中,并放置在适当的位置,效果如图 12-22 所示。

图 12-21   图 12-22

（11）选中"Button"组件,选择组件"属性"面板,在"组件参数"组中的"label"选项的文本框中输入"确定",如图 12-23 所示。"Button"组件上的文字变为"确定",效果如图 12-24 所示。

（12）选中"Button"组件,选择"窗口 > 动作"命令,弹出"动作"面板,在"动作"面板的"脚本窗口"中输入脚本语言,"动作"面板中的效果如图 12-25 所示。选中"答案"图层的第 2 帧、第 3 帧,插入关键帧。

图 12-23   图 12-24   图 12-25

（13）选中"答案"图层的第 1 帧,在"组件"面板中,选中"User Interface"组中的

"CheckBox"组件，如图 12-26 所示。将"CheckBox"组件拖曳到舞台窗口中，并放置在适当的位置，效果如图 12-27 所示。

图 12-26　　　　　　　　　图 12-27

（14）选中"CheckBox"组件，选择组件"属性"面板，在"实例名称"选项的文本框中输入"gonglu"，在"组件参数"组中的"label"选项的文本框中输入"公路"，如图 12-28 所示。"CheckBox"组件上的文字变为"公路"，效果如图 12-29 所示。

图 12-28　　　　　　　　　图 12-29

（15）用相同的方法再拖曳舞台窗口中 1 个"CheckBox"组件，选择组件"属性"面板，在"实例名称"选项的文本框中输入"shuilu"，在"组件参数"组中的"label"选项的文本框中输入"水路"，如图 12-30 所示。

（16）再拖曳舞台窗口中 1 个"CheckBox"组件，选择组件"属性"面板，在"实例名称"选项的文本框中输入"dianlu"，在"组件参数"组中的"label"选项的文本框中输入"电路"，如图 12-31 所示。舞台窗口中组件的效果如图 12-32 所示。

图 12-30　　　　　　　图 12-31　　　　　　　图 12-32

（17）在舞台窗口中选中组件"公路"，在"动作"面板的"脚本窗口"中输入脚本语言，

"动作"面板中的效果如图 12-33 所示。在舞台窗口中选中组件"水路"，在"动作"面板的"脚本窗口"中输入脚本语言，"动作"面板中的效果如图 12-34 所示。在舞台窗口中选中"电路"，在"动作"面板的"脚本窗口"中输入脚本语言，"动作"面板中的效果如图 12-35 所示。

図 12-33　　　　　　　　図 12-34　　　　　　　図 12-35

（18）选中"答案"图层的第 2 帧，将"组件"面板中的"CheckBox"组件⊠拖曳到舞台窗口中。选择组件"属性"面板，在"实例名称"选项的文本框中输入"qiche"，在"组件参数"组中的"label"选项的文本框中输入"汽车"，如图 12-36 所示。舞台窗口中组件的效果如图 12-37 所示。

図 12-36　　　　　　　　　　　图 12-37

（19）用相同的方法再拖曳舞台窗口中 1 个"CheckBox"组件，选择组件"属性"面板，在"实例名称"选项的文本框中输入"saiche"，在"组件参数"组中的"label"选项的文本框中输入"塞车"，如图 12-38 所示。

（20）再拖曳舞台窗口中 1 个"CheckBox"组件，选择组件"属性"面板，在"实例名称"选项的文本框中输入"dianche"，在"组件参数"组中的"label"选项的文本框中输入"电车"，如图 12-39 所示。舞台窗口中组件的效果如图 12-40 所示。

図 12-38　　　　　　　　图 12-39　　　　　　　図 12-40

（21）在舞台窗口中选中组件"汽车"，在"动作"面板的"脚本窗口"中输入脚本语言，"动作"面板中的效果如图 12-41 所示。在舞台窗口中选中组件"塞车"，在"动作"面板的"脚本窗口"中输入脚本语言，"动作"面板中的效果如图 12-42 所示。在舞台窗口中选中"电车"，在"动作"面板的"脚本窗口"中输入脚本语言，"动作"面板中的效果如图 12-43 所示。

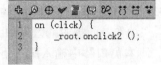
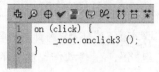

图 12-41 图 12-42 图 12-43

（22）选中"答案"图层的第 3 帧，将"组件"面板中的"CheckBox"组件 拖曳到舞台窗口中。选择组件"属性"面板，在"实例名称"选项的文本框中输入"donghai"，在"组件参数"组中的"label"选项的文本框中输入"东海"，如图 12-44 所示。舞台窗口中组件的效果如图 12-45 所示。

图 12-44 图 12-45

（23）用相同的方法再拖曳舞台窗口中 1 个"CheckBox"组件，选择组件"属性"面板，在"实例名称"选项的文本框中输入"beihai"，在"组件参数"组中的"label"选项的文本框中输入"北海"，如图 12-46 所示。

（24）再拖曳舞台窗口中 1 个"CheckBox"组件，选择组件"属性"面板，在"实例名称"选项的文本框中输入"cihai"，在"组件参数"组中的"label"选项的文本框中输入"辞海"，如图 12-47 所示。舞台窗口中组件的效果如图 12-48 所示。

图 12-46 图 12-47 图 12-48

（25）在舞台窗口中选中组件"东海"，在"动作"面板的"脚本窗口"中输入脚本语言，"动作"面板中的效果如图 12-49 所示。在舞台窗口中选中组件"北海"，在"动作"面板的"脚本窗口"中输入脚本语言，"动作"面板中的效果如图 12-50 所示。在舞台窗口中选中"辞海"，在"动作"面板的"脚本窗口"中输入脚本语言，"动作"面板中的效果如图 12-51 所示。

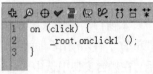
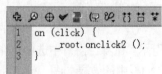
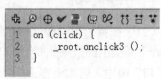

图 12-49 图 12-50 图 12-51

（26）在"时间轴"面板中创建新图层并将其命名为"动作脚本"。选中"动作脚本"图层的第 2 帧、第 3 帧，插入关键帧。选中"动作脚本"图层的第 1 帧，在"动作"面板的"脚本窗口"中输入脚本语言，"动作"面板中的效果如图 12-52 所示。

（27）选中"动作脚本"图层的第 2 帧，在"动作"面板的"脚本窗口"中输入脚本语言，"动作"面板中的效果如图 12-53 所示。

图 12-52

图 12-53

（28）选中"动作脚本"图层的第 3 帧，在"动作"面板的"脚本窗口"中输入脚本语言，"动作"面板中的效果如图 12-54 所示。脑筋急转弯问答制作完成，按 Ctrl+Enter 键即可查看。

图 12-54

12.1.2　设置组件

选择"窗口 > 组件"命令，弹出"组件"面板，如图 12-55 所示。组件包含 3 个类别：Flex 组件、用于创建界面的 User Interface 组件和控制视频播放的 Video 组件。

可以在"组件"面板中双击要使用的组件，组件显示在舞台窗口中，如图 12-56 所示。

还可以在"组件"面板中选中要使用的组件，将其直接拖曳到舞台窗口中，如图 12-57 所示。

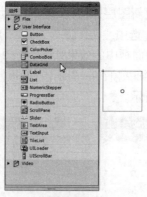

图 12-55　　　　　　　　　图 12-56　　　　　　　　　　图 12-57

在舞台窗口中选中组件，如图 12-58 所示，按 Ctrl+F3 组合键，弹出"属性"面板，单击"组件参数"选项，展开组件的参数属性，如图 12-59 所示。可以在参数值上单击，在数值框中输入数值，如图 12-60 所示，也可以在其下拉列表中选择相应的选项，如图 12-61 所示。

图 12-58　　　　　　图 12-59　　　　　　　　图 12-60　　　　　　　　图 12-61

12.1.3　组件分类与应用

下面将介绍几个典型组件的参数设置与应用。

1. Button 组件

Button 组件是一个可调整大小的矩形用户界面按钮，可以给按钮添加一个自定义图标，也可以将按钮的行为从按下改为切换。在单击切换按钮后，它将保持按下状态，直到再次单击时才会返回到弹起状态。可以在应用程序中启用或者禁用按钮。在禁用状态下，按钮不接收鼠标或键盘输入。

在"组件"面板中，将 Button 组件拖曳到舞台窗口中，如图 12-62 所示。在"属性"面板中，显示出组件的参数，如图 12-63 所示。

"emphasized"选项：设置组件是否加重显示。

"enabled"选项：设置组件是否为激活状态。

"label"选项：设置组件上显示的文字，默认状态下为"Button"。

"labelPlacement"选项：确定组件上的文字相对于图标的方向。

"selected"选项：如果"toggle"参数值为 true，则该参数指定组件是处于按下状态 true 还是释放状态 false。

"toggle"选项：将组件转变为切换开关。如果参数值为 true，那么按钮在按下后保持按下状态，直到再次按下时才返回到弹起状态；如果参数值为 false，那么按钮的行为与普通按钮相同。

"visible"选项：设置组件的可见性。

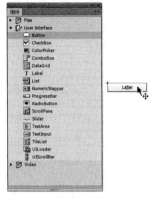

图 12-62　　　　　　　　　　　　　　　　图 12-63

2．CheckBox 组件

复选框是一个可以选中或取消选中的方框。可以在应用程序中启用或者禁用复选框。如果复选框已启用，用户单击它或者它的名称，复选框会出现对号标记，显示为选中状态。如果用户在复选框或其名称上按下鼠标后，将鼠标指针移动到复选框或其名称的边界区域之外，那么复选框没有被选中，也不会出现对号标记。如果复选框被禁用，它会显示其禁用状态，而不响应用户的交互操作。在禁用状态下，按钮不接收鼠标或键盘输入。

在"组件"面板中，将 CheckBox 组件拖曳到舞台窗口中，如图 12-64 所示。在"属性"面板中，显示出组件的参数，如图 12-65 所示。

图 12-64　　　　　　　　　　　　　　　　图 12-65

"enabled"选项：设置组件是否为激活状态。

"label"选项：设置组件的名称，默认状态下为"CheckBox"。

"labelPlacement"选项：设置名称相对于组件的位置，默认状态下，名称在组件的右侧。

"selected"选项：将组件的初始值设为选中或取消选中。

"visible"选项：设置组件的可见性。

下面将介绍 CheckBox 组件的应用。

将 CheckBox 组件☑拖曳到舞台窗口中，选择"属性"面板，在"label"选项的文本框中输入"星期一"，如图 12-66 所示，组件的名称也随之改变，如图 12-67 所示。

用相同的方法再制作四个组件，如图 12-68 所示。按 Ctrl+Enter 组合键测试影片，可以随意勾选多个复选框，如图 12-69 所示。

在"labelPlacement"选项中可以选择名称相对于复选框的位置，如果选择"left"，那么名称在复选框的左侧，如图 12-70 所示。

如果勾选"星期一"组件的"selected"选项，那么"星期一"复选框的初始状态为被选中，如图 12-71 所示。

图 12-66　　　　　图 12-67　图 12-68　图 12-69　图 12-70　图 12-71

3．ComboBox 组件

ComboBox 组件可以向 Flash 影片中添加可滚动的单选下拉列表。组合框可以是静态的，也可以是可编辑的。使用静态组合框，用户可以从下拉列表中做出一项选择。使用可编辑的组合框，用户可以在列表顶部的文本框中直接输入文本，也可以从下拉列表中选择一项。如果下拉列表超出文档底部，该列表将会向上打开，而不是向下。

在"组件"面板中，将 ComboBox 组件拖曳到舞台窗口中，如图 12-72 所示。在"属性"面板中，显示出组件的参数，如图 12-73 所示。

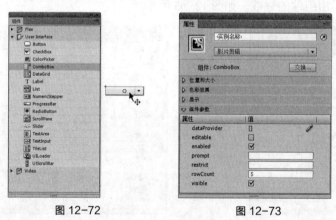

图 12-72　　　　　　　图 12-73

"dataProvider"选项：设置下拉列表中显示的内容。

"editable"选项：设置组件为可编辑的 true 还是静态的 false。

"enabled"选项：设置组件是否为激活状态。

"prompt"选项：设置组件的初始显示内容。

"restrict"选项：设置限定的范围。

"rowCount"选项：设置在组件下拉列表中不使用滚动条的话，一次最多可显示的项目数。

"visible"选项：设置组件的可见性。

下面将介绍 ComboBox 组件  的应用。

将 ComboBox 组件  拖曳到舞台窗口中，选择"属性"面板，双击"dataProvider"选项右侧的 ，弹出"值"对话框，如图 12-74 所示，在对话框中单击"加号"按钮 ，单击值，输入第一个要显示的值文字"一年级"，如图 12-75 所示。

用相同的方法添加多个值，如图 12-76 所示。如果想删除一个值，可以先选中这个值，再单击"减号"按钮  进行删除。如果想改变值的顺序，可以单击"向下箭头"按钮 或"向上箭头"按钮 进行调序。例如，要将值"六年级"向上移动，可以先选中它（被选中的值，显示出灰色长条），再单击"向上箭头"按钮 5 次，值"六年级"就移动到了值"一年级"的上方，如图 12-77、图 12-78 所示。

| 图 12-74 | 图 12-75 | 图 12-76 | 图 12-77 | 图 12-78 |

设置好值后，单击"确定"按钮，"属性"面板的显示如图 12-79 所示。

按 Ctrl+Enter 组合键测试影片，显示出下拉列表，如图 12-80 所示。

如果在"属性"面板中将"rowCount"选项的数值设置为"3"，如图 12-81 所示，表示下拉列表一次最多可显示的项目数为 3。按 Ctrl+Enter 组合键测试影片，显示出的下拉列表有滚动条，可以拖曳滚动条来查看选项，如图 12-82 所示。

| 图 12-79 | 图 12-80 | 图 12-81 | 图 12-82 |

4. Label 组件 T

一个标签组件就是一行文本。可以指定一个标签采用 HTML 格式，也可以控制标签的对齐和大小。Label 组件没有边框，不能具有焦点，并且不广播任何事件。

每个 Label 实例的实时预览反映了创作时在"属性"面板中或在"组件检查器"面板中对参数所做的更改。标签没有边框，因此，查看它的实时预览的唯一方法就是设置其文本参数。如果文本太长，并且选择设置"autoSize"参数，那么实时预览将不支持"autoSize"参数，而且不能调整标签边框大小。

在"组件"面板中，将 Label 组件 T 拖曳到舞台窗口中，如图 12-83 所示。在"属性"面板中，显示出组件的参数，如图 12-84 所示。

图 12-83   图 12-84

"autoSize"选项：设置组件中文本相对的对齐方向。

"condenseWhite"选项：设置删除组件中的额外空白，如空格和换行符。

"enabled"选项：设置组件是否为激活状态。

"htmlText"选项：设置文本是否采用 HTML 格式。

"selectable"选项：设置文本的可选性。

"text"选项：设置组件显示出的文本。

"visible"选项：设置组件的可见性。

"wordWrap"选项：设置文本是否自动换行。

5．List 组件

List 组件是一个可滚动的单选或多选列表框，它同 ComboBox 组件有相似的功能和用法。

在"组件"面板中，将 List 组件拖曳到舞台窗口中，如图 12-85 所示。在"属性"面板中，显示出组件的参数，如图 12-86 所示。

图 12-85   图 12-86

"allowMultipleSelection"选项：用于设置在列表框中是否可以同时选择多个选项。

"dataProvider"选项：设置列表框中显示的内容。

"enabled"选项：设置组件是否为激活状态。

"horizontalLineScrollSize"选项：设置每次按下箭头时水平滚动条移动多少个单位，其默认值为 4。

"horizontalPageScrollSize"选项：设置每次按轨道时水平滚动条移动多少个单位，其默认值为 0。

"horizontalScrollPolicy"选项：用于设置是否显示水平方向的滚动条。

"verticalLineScrollSize"选项：设置每次按下箭头时垂直滚动条移动多少个单位，其默认值为 4。

"verticalPageScrollSize"选项：设置每次按轨道时垂直滚动条移动多少个单位，其默认值为 0。

"verticalScrollPolicy"选项：用于设置是否显示垂直方向的滚动条。

"visible"选项：设置组件的可见性。

6．NumericStepper 组件

NumericStepper 组件 允许用户逐个使用一组经过排序的数字。该组件由显示在上下箭头按钮旁边的数字组成。用户按下这些按钮时，数字将逐渐增大或减小。如果用户单击其中任何一箭头按钮，数字将根据"stepSize"参数的值增大或减小，直到用户释放鼠标按钮或达到最大/最小值为止。NumericStepper 组件 只处理数值数据。

在"组件"面板中，将 NumericStepper 组件 拖曳到舞台窗口中，如图 12-87 所示。在"属性"面板中，显示出组件的参数，如图 12-88 所示。

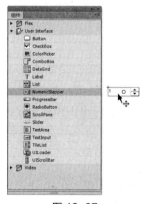

图 12-87　　　　　　　　　　图 12-88

"enabled"选项：设置组件是否为激活状态。

"maximum"选项：设置数值范围的最大值。

"minimum"选项：设置数值范围的最小值。

"stepSize"选项：设置每一次操作数值变动的大小。

"value"选项：设置在初始状态下，组件中显示的数值。数值只能设置为"stepSize"中的数值或数值的整数倍数。

"visible"选项：设置组件的可见性。

7．ProgressBar 组件

ProgressBar 组件 在用户等待加载内容时，会显示加载进程。加载进程可以是确定的也可以是不确定的。确定的进程栏是一段时间内任务进程的线性表示，当要载入的内容量已知时使用。不确定的进程栏在不知道要加载的内容量时使用。可以添加标签来显示加载内容的进程。默认情况下，组件被设置为在第一帧导出。这意味着这些组件在第一帧呈现前被加载到应用程序中。

在"组件"面板中，将 ProgressBar 组件 拖曳到舞台窗口中，如图 12-89 所示。在组

件"属性"面板中，显示出组件的参数，如图 12-90 所示。

图 12-89　　　　　　　　　　　　图 12-90

"direction"选项：设置加载进度条的方向。

"enabled"选项：设置组件是否为激活状态。

"mode"选项：进度栏运行的模式。此值可以是事件、轮询或手动事件之一。默认值为事件。

"source"选项：一个要转换为对象的字符串，它表示源的实例名。

"visible"选项：设置组件的可见性。

8．RadioButton 组件

RadioButton 组件是单选按钮，使用该组件可以强制用户只能选择一组选项中的一项。RadioButton 组件必须用于至少有两个 RadioButton 实例的组。在任何选定的时刻，都只有一个组成员被选中。选择组中的一个单选按钮，将取消选择组内当前选定的单选按钮。

在"组件"面板中，将 RadioButton 组件拖曳到舞台窗口中，如图 12-91 所示。在"属性"面板中，显示出组件的参数，如图 12-92 所示。

图 12-91　　　　　　　　　　　　图 12-92

"enabled"选项：设置组件是否为激活状态。

"groupName"选项：是单选按钮的组名称，默认状态下为"RadioGroup"。

"label"选项：设置单选按钮的名称，默认状态下为"RadioButton"。

"labelPlacement"选项：设置名称相对于单选按钮的位置，默认状态下，名称在单选按钮的右侧。

"selected"选项：设置单选按钮初始状态下，是处于选中状态 true 还是未选中状态 false。

"value"选项：设置在初始状态下，组件中显示的数值。

"visible"选项：设置组件的可见性。

9. ScrollPane 组件

ScrollPane 组件 能够在一个可滚动区域中显示影片剪辑、JPEG 文件和 SWF 文件，可以让滚动条在一个有限的区域中显示图像，可以显示从本地位置或网络加载的内容。ScrollPane 组件 既可以显示含有大量内容的区域，又不会占用大量的舞台空间。该组件只能显示影片剪辑，不能应用于文字。

在"组件"面板中，将 ScrollPane 组件 拖曳到舞台窗口中，如图 12-93 所示。在"属性"面板中，显示出组件的参数，如图 12-94 所示。

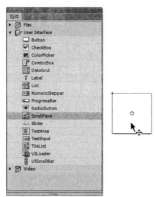

图 12-93 图 12-94

"enabled"选项：设置组件是否为激活状态。

"horizontalLineScrollSize"选项：设置每次按下箭头时水平滚动条移动多少个单位，其默认值为 4。

"horizontalPageScrollSize"选项：设置每次按轨道时水平滚动条移动多少个单位，其默认值为 0。

"horizontalScrollSizePolicy"选项：设置是否显示水平滚动条。

选择"auto"时，可以根据电影剪辑与滚动窗口的相对大小来决定是否显示水平滚动条，在电影剪辑水平尺寸超出滚动窗口的宽度时会自动出现滚动条；选择"on"时，无论电影剪辑与滚动窗口的大小如何都显示水平滚动条；选择"off"时，无论电影剪辑与滚动窗口的大小如何都不显示水平滚动条。

"scrollDrag"选项：设置是否允许用户使用鼠标拖曳滚动窗口中的对象。选择"true"时，用户可以不通过滚动条而使用鼠标直接拖曳窗口中的对象。

"source"选项：一个要转换为对象的字符串，它表示源的实例名。

"verticalLineScrollSize"选项：设置每次按下箭头时垂直滚动条移动多少个单位，其默认值为 4。

"verticalPageScrollSize"选项：设置每次按轨道时垂直滚动条移动多少个单位，其默认值为 0。

"verticalScrollSizePolicy"选项：设置是否显示垂直滚动条。其用法与"horizontalScrollSizePolicy"相同。

"visible"选项：设置组件的可见性。

10. TextArea 组件▤

TextArea 组件▤是动作脚本 TextField 对象的多行组件。需要多行文本字段时，可以使用 TextArea 组件▤。TextArea 组件▤也可以采用 HTML 格式。

在"组件"面板中，将 TextArea 组件▤拖曳到舞台窗口中，如图 12-95 所示。在"属性"面板中，显示出组件的参数，如图 12-96 所示。

"condenseWhite"选项：用于设置是否从包含 HTML 文本的 TextArea 组件中删除多余的空白。

"editable"选项：设置组件是否可编辑。"true"为可编辑，"false"为不可编辑。

"enabled"选项：设置组件是否为激活状态。

"horizontalScrollPolicy"选项：设置是否显示水平滚动条。

"htmlText"选项：设置文本是否采用 HTML 格式。

"maxChars"选项：设置组件中输入的字符数。

"restrict"选项：设置限定的范围。

"text"选项：设置在组件中显示的文本。

"verticalScrollPolicy"选项：设置是否显示垂直滚动条。

"visible"选项：设置组件的可见性。

"wordWrap"选项：设置文本是否自动换行。

图 12-95 　　　　　　　　　图 12-96

11. TextInput 组件▥

TextInput 组件▥是动作脚本 TextField 对象的单行组件，需要单行文本字段时，可以使用 TextInput 组件▥。TextInput 组件▥也可以采用 HTML 格式，或作为掩饰文本的密码字段。

在"组件"面板中，将 TextInput 组件▥拖曳到舞台窗口中，如图 12-97 所示。在"属性"面板中，显示出组件的参数，如图 12-98 所示。

"displayAsPassword"选项：设置是否作为密码显示。

"editable"选项：设置组件是否可编辑。"true"为可编辑，"false"为不可编辑。

"enabled"选项：设置组件是否为激活状态。

"maxChars"选项：设置组件中输入的字符数。

"restrict"选项：设置限定的范围。

"text"选项：设置在组件中显示的文本。

"visible"选项：设置组件的可见性。

图 12-97

图 12-98

12.2 行为

除了应用自定义的动作脚本，还可以应用行为控制文档中的影片剪辑和图形实例。行为是程序员预先编写好的动作脚本，用户可以根据自身需要来灵活运用脚本代码。行为命令只适用于 ActionScript1.0~ ActionScript2.0 脚本中，它不适用于 ActionScript3.0 脚本。

选择"窗口 >行为"命令，弹出"行为"面板，如图 12-99 所示。单击面板左上方的"添加行为"按钮 🕂，弹出下拉菜单，如图 12-100 所示。可以从菜单中显示的 6 个方面应用行为。

图 12-99

图 12-100

"添加行为"按钮 🕂：用于在"行为"面板中添加行为。

"删除行为"按钮 ➖：用于将"行为"面板中选定的行为进行删除。

在"行为"面板下方的"图层 1：帧 1"表示的是当前所在图层和当前所在帧。

打开光盘中的 01 素材，将"库"面板中的图形元件"按钮图形"拖曳到舞台窗口中，如图 12-101 所示。选中按钮元件，单击"行为"面板中的"添加行为"按钮 🕂，在弹出的菜单中选择"Web > 转到 Web 页"命令，如图 12-102 所示。弹出"转到 URL"对话框，如图 12-103 所示。

图 12-101

图 12-102

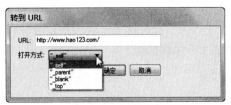

图 12-103

"URL"选项：其文本框中可以设置要链接的 URL 地址。

"打开方式"选项中各选项的含义如下。

"_self"：在同一窗口中打开链接。

"_parent"：在父窗口中打开链接。

"_blank"：在一个新窗口中打开链接。

"_top"：在最上层窗口中打开链接。

设置好后单击"确定"按钮，动作脚本被添加到"行为"面板中，如图 12-104 所示。单击按钮的触发事件"释放时"，右侧出现黑色三角形按钮，单击三角形按钮，在弹出的菜单中可以设置按钮的其他触发事件，如图 12-105 所示。

图 12-104

图 12-105

当运行按钮动画时，单击按钮则打开网页浏览器，自动链接到刚才输入的 URL 地址上。

12.3 课堂练习——制作西餐厅知识问答

【练习知识要点】使用文本工具添加文字，使用组件面板添加组件，使用动作面板添加动作脚本。

【素材所在位置】光盘/Ch12/素材/制作西餐厅知识问答/01~02。

【效果所在位置】光盘/Ch12/效果/制作西餐厅知识问答.fla，如图 12-106 所示。

图 12-106

12.4 课后习题——制作生活小常识问答

【习题知识要点】使用文本工具添加文字，使用组件面板添加组件，使用动作面板添加动作脚本。

【素材所在位置】光盘/Ch12/素材/制作生活小常识问答/01~02。

【效果所在位置】光盘/Ch12/效果/制作生活小常识问答.fla，如图 12-107 所示。

图 12-107

PART 13

第 13 章
作品的测试、优化、输出和发布

本章介绍

在制作 Flash 动画时可以测试作品是否达到预期的效果，还可将作品进行优化，以保证最好的网络播放效果。制作完成 Flash 作品，可以对其进行输出或发布，制作成脱离 Flash CS6 环境的其他文件格式。本章将介绍对动画作品进行测试和优化的益处及技巧，还有输出和发布作品的方法和格式。读者通过学习要了解并掌握测试、优化、输出、发布作品的方法和技巧，以便制作出高质量的动画作品。

学习目标

- 了解影片的测试与优化。
- 掌握影片的输出与发布。

技能目标

- 了解作品的优化处理。
- 掌握输出和发布影片的基本设置。
- 了解输出影片和发布影片的常用输出格式。
- 了解影片的发布预览及打包文件。

13.1 影片的测试与优化

在动画的设计过程中，经常要测试当前编辑的动画，以便了解作品是否达到预期效果。如果动画要在网络环境中播放，还要考虑动画作品文件的大小，要在保证动画作品效果的同时，优化动画文件，保证其最好的网络播放效果。

13.1.1 影片测试窗口

选择"控制 > 测试影片"命令，进入影片测试窗口。测试窗口上方的菜单栏如图 13-1 所示。在菜单栏中最常用的是"视图"菜单和"控制"菜单。单击"视图"菜单，弹出其下拉子菜单，如图 13-2 所示。

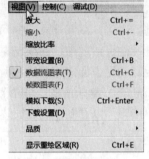

图 13-1   图 13-2

"放大"命令：可以将测试区中的影片放大显示。

"缩小"命令：可以将放大后的影片缩小显示。

"缩放比率"命令：可以将测试区中的影片按照百分比或完全显示的方式进行显示。

"带宽设置"命令：可以显示出带宽特性窗口，用来观察数据流的情况。

"数据流图表"命令：可以用条形图的形式模拟下载方式，显示每一帧数据量的大小，如图 13-3 所示。

"帧数图表"命令：可以用条形图的形式显示每一帧数据量的大小，如图 13-4 所示。

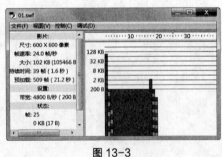

图 13-3   图 13-4

"模拟下载"命令：可以模拟在设定传输条件下，以数据流方式下载动画时的情况。可以通过标尺上绿色的进度条来观察下载情况，如图 13-5 所示。

"下载设置"命令：可以设置模拟的下载条件。可在其子菜单中选择传输速率，也可自定义传输速率。

"品质"命令：可以设置影片测试区中动画显示的效果。

单击"控制"菜单，弹出其下拉子菜单，如图 13-6 所示。

"播放"命令：可以播放当前的动画。

"后退"命令：回到动画的第 1 帧并停止播放动画。

"循环"命令：可以将动画进行循环播放。

"前进一帧"命令：可以将动画前进 1 帧显示。

"后退一帧"命令：可以将动画后退 1 帧显示。

"禁用快捷键"命令：使查看动画所使用的快捷键都为不可用。

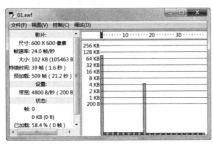
图 13-5

图 13-6

13.1.2 测试影片下载性能

测试影片下载性能，对制作动画来说非常重要。用户可以使用带宽设置，以图形化的形式查看下载性能。要测试影片下载性能，选择"控制 > 测试影片 > 测试"命令，进入影片测试窗口。选择"视图 > 带宽设置"命令，打开带宽特性窗口，如图 13-7 所示。

窗口的左侧显示的是当前动画的信息和播放情况。窗口的右侧显示的是动画影片各帧上的数据量。矩形条越大，表示该帧上的数据量越大。红色的水平线是动画传输速率的警备线，其位置由传输条件决定。当帧上的矩形条高于红色水平线时，表示在播放该帧时，有可能产生停顿。

在播放动画时，指针经过其中一帧，在窗口左侧的"帧"选项上显示出当前播放的帧数，如图 13-8 所示。

图 13-7

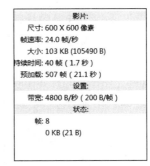
图 13-8

选择"视图 > 模拟下载"命令，在窗口左侧的"已加载"选项上显示加载的百分比，如图 13-9 所示。同时，在窗口右侧的标尺上显示出绿色的进度条，代表加载的速度，如图 13-10 所示。

标尺上的指针▽表示当前动画播放的位置，当指针显示的位置赶上加载进度条时，动画就会出现停顿现象。

图 13-9   图 13-10

13.1.3　作品优化

动画文件越大，在网络上播放浏览时等待播放的时间就越长。虽然在动画作品发布时会自动进行一些优化，但是在制作动画时还要从整体上对动画进行优化，以减少文件量。

动画的优化包括以下几个方面。

（1）将动画中所有相同的对象用同一个符号引用，这样，相同内容的对象在作品中只能保存一次。

（2）在动画中尽量避免使用逐帧动画，多使用补间动画。因为补间动画中的过渡帧是计算所得，所以其文件量大大少于逐帧动画。

（3）如果使用导入的位图，最好将位图作为背景或静止元素，尽量避免使用位图动画元素。

（4）对舞台中多个相对位置固定的对象建组。

（5）尽量用矢量线条代替矢量色块。减少矢量图形的复杂程度，如减少图形的边数或曲线上折线的数量。

（6）尽量不要将文字打散成轮廓，尽量少用嵌入字体。

（7）尽量少用渐变色，使用单色，因为渐变色比单色多占用 50 个字节的存储空间。少使用不透明度，因为会减慢回放速度。

（8）尽量限制使用特殊线条的类型数，如虚线、点线等。实线比特殊线条占用的空间要小。使用"铅笔"工具 ✐ 绘制的线条比使用"刷子"工具 ✐ 绘制的线条占用的空间要小。

（9）使用"属性"面板中"颜色"选项下拉列表中的各个命令设置实例，可以使同一元件的不同实例产生多种不同的效果。

（10）尽量避免在作品的开始出现停顿。在作品的开始阶段，要在文件量大的帧前面设计一些较小的帧序列，在播放这些帧的同时，预载后面文件量大的内容。

（11）对于动画的音频素材，尽量使用 MP3 格式，因为其占用空间最小，压缩效果最好。

（12）音频引用对象和位图引用对象包含的文件量大，因此，避免在同一关键帧中同时包含这两种引用对象，否则，可能会出现停顿帧。

13.2　影片的输出与发布

动画作品设计完成后，要通过输出或发布方式将其制作成可以脱离 Flash CS6 环境播放的动画文件。并不是所有应用系统都支持 Flash 文件格式，如果要在网页、应用程序、多媒体中编辑动画作品，可以将它们导出成通用的文件格式，如 GIF、JPEG、PNG、BMP、QuickTime 或 AVI。

13.2.1 输出影片设置

选择"文件 > 导出"命令，其子菜单如图 13-11 所示。可以选择将文件导出为图像或影片。

图 13-11

"导出图像"命令：可以将当前帧或所选图像导出为一种静止图像格式，或导出为单帧 Flash Player 应用程序。

"导出所选内容"命令：可以将当前所选择的内容导出为一个以.fxg 为后缀的文件。

"导出影片"命令：可以将动画导出为包含一系列图片、音频的动画格式或静止帧；当导出静止图像时，可以为文档中的每一帧都创建一个带有编号的图像文件；还可以将文档中的声音导出为 WAV 文件。

将 Flash 图像保存为位图、GIF、JPEG、BMP 文件时，图像会丢失其矢量信息，仅以像素信息保存。但在将 Flash 图像导出为矢量图形文件时，如 Illustrator 格式，可以保留其矢量信息。

13.2.2 输出影片格式

Flash CS6 可以输出多种格式的动画或图形文件，一般包含以下几种常用类型。

1. SWF 影片 (*.swf)

SWF 动画是浏览网页时常见的动画格式，它是以.swf 为后缀的文件，具有动画、声音和交互等功能，它需要在浏览器中安装 Flash 播放器插件才能观看。将整个文档导出为具有动画效果和交互功能的 Flash SWF 文件，以便将 Flash 内容导入其他应用程序中，如导入 Dreamweaver 中。

选择"文件 > 导出 > 导出影片"命令，弹出"导出影片"对话框，在"文件名"选项的文本框中输入要导出动画的名称，在"保存类型"选项的下拉列表中选择"SWF 影片（*.swf）"，如图 13-12 所示，单击"保存"按钮，即可导出影片。

图 13-12

在以 SWF 格式导出 Flash 文件时，文本以 Unicode 格式进行编码。Unicode 编码是一种文字信息的通用字符集编码标准，它是一种 16 位编码格式。也就是说，Flash 文件中的文字使用双位元组字符集进行编码。

2. Windows AVI (*.avi)

Windows AVI 是标准的 Windows 影片格式，它是一种很好的、用于在视频编辑应用程序中打开 Flash 动画的格式。AVI 是基于位图的格式，因此，如果包含的动画很长或者分辨率比较高，文件量就会非常大。将 Flash 文件导出为 Windows 视频时，会丢失所有的交互性。

选择"文件 > 导出 > 导出影片"命令，弹出"导出影片"对话框，在"文件名"选项的文本框中输入要导出视频文件的名称，在"保存类型"选项的下拉列表中选择"Windows AVI (*.avi)"，如图 13-13 所示，单击"保存"按钮，弹出"导出 Windows AVI"对话框，如图 13-14 所示。

图 13-13

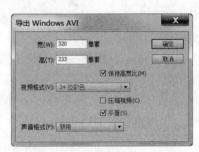

图 13-14

"宽"和"高"选项：可以指定 AVI 影片的宽度和高度，以像素为单位。当宽度和高度两者指定其一时，另一个尺寸会自动设置，这样会保持原始文档的高宽比。

"保持高宽比"选项：取消对此选项的选择，可以分别设置宽度和高度。

"视频格式"选项：可以选择输出作品的颜色位数。目前许多应用程序不支持 32 位色的图像格式，如果使用这种格式时出现问题，可以使用 24 位色的图像格式。

"压缩视频"选项：勾选此选项，可以选择标准的 AVI 压缩选项。

"平滑"选项：可以消除导出 AVI 影片中的锯齿。勾选此选项，能产生高质量的图像。背景为彩色时，AVI 影片可能会在图像的周围产生模糊，此时，不勾选此选项。

"声音格式"选项：设置音轨的取样比率和大小，以及是以单声还是以立体声导出声音。取样率高，声音的保真度就高，但占据的存储空间也大。取样率和大小越小，导出的文件就越小，但可能会影响声音品质。

3. WAV 音频（*.wav）

可以将动画中的音频对象导出，并以 WAV 声音文件格式保存。

选择"文件 > 导出 > 导出影片"命令，弹出"导出影片"对话框，在"文件名"选项的文本框中输入要导出音频文件的名称，在"保存类型"选项的下拉列表中选择"WAV 音频（*.wav）"，如图 13-15 所示，单击"保存"按钮，弹出"导出 Windows WAV"对话框，如图 13-16 所示。

图 13-15

图 13-16

"声音格式"选项：可以设置导出声音的取样频率、比特率以及立体声或单声。

"忽略事件声音"选项：勾选此选项，可以从导出的音频文件中排除事件声音。

4．JPEG 图像（*.jpg）

可以将 Flash 文档中当前帧上的对象导出成 JPEG 位图文件。JPEG 格式图像为高压缩比的 24 位位图。JPEG 格式适合显示包含连续色调（如照片、渐变色或嵌入位图）的图像。其导出设置与位图（*.bmp)相似，不再赘述。

5．GIF 序列（*.gif）

网页中常见的动态图标大部分是 GIF 动画形式，它是由多个连续的 GIF 图像组成。在 Flash 动画时间轴上的每一帧都会变为 GIF 动画中的一幅图片。GIF 动画不支持声音和交互，并比不含声音的 SWF 动画文件量大。

选择"文件 > 导出 > 导出影片"命令，弹出"导出影片"对话框，在"文件名"选项的文本框中输入要导出序列文件的名称，在"保存类型"选项的下拉列表中选择"GIF 动画（*.gif)"，如图 13-17 所示，单击"保存"按钮，弹出"导出 GIF"对话框，如图 13-18 所示。

图 13-17

图 13-18

"宽"和"高"选项：设置 GIF 动画的尺寸大小。

"分辨率"选项：设置导出动画的分辨率，并且让 Flash CS6 根据图形的大小自动计算宽度和高度。单击"匹配屏幕"按钮，可以将分辨率设置为与显示器相匹配。

"颜色"选项：创建导出图像的颜色数量。

"透明"选项：勾选此选项，输出的 GIF 动画的背景色为透明。

"交错"选项：勾选此选项，浏览者在下载过程中，动画以交互方式显示。

"平滑"选项：勾选此选项，对输出的 GIF 动画进行平滑处理。

"抖动纯色"选项：勾选此选项，对 GIF 动画中的色块进行抖动处理，以提高画面质量。

"动画"选项：可以设置 GIF 动画的播放次数。

6. PNG 序列（*.png）

PNG 文件格式是一种可以跨平台支持透明度的图像格式。选择"文件 > 导出 > 导出影片"命令，弹出"导出影片"对话框，在"文件名"选项的文本框中输入要导出序列文件的名称，在"保存类型"选项的下拉列表中选择"png 序列（*.png）"，如图 13-19 所示，单击"保存"按钮，弹出"导出 PNG"对话框，如图 13-20 所示。

图 13-19

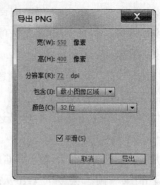

图 13-20

"宽"和"高"选项：设置 PNG 图片的尺寸大小。

"分辨率"选项：设置导出图片的分辨率，并且让 Flash CS6 根据图形的大小自动计算宽度和高度。单击"匹配屏幕"按钮，可以将分辨率设置为与显示器相匹配。

"包含"选项：可以设置导出图片的区域大小。

"颜色"选项：创建导出图像的颜色数量。

"平滑"选项：勾选此选项，对输出的 PNG 图片进行平滑处理。

13.2.3　发布影片设置

选择"文件 > 发布"菜单命令，在 Flash 文件所在的文件夹中生成与 Flash 文件同名的 SWF 文件和 HTML 文件，如图 13-21 所示。

如果要设置同时输出多种格式的动画作品，选择"文件 > 发布设置"命令，弹出"发布设置"对话框，如图 13-22 所示。在默认状态下，只有两种发布格式。可以选择下方的复选框，对话框的上方也出现相应的格式选项卡，如图 13-23 所示。

图 13-21

图 13-22

图 13-23

可以在每种格式右侧的文本框中，为文件重新命名。单击"使用默认名称"按钮，则每种格式都使用默认的影片文件名。单击发布目标按钮 ，可以为文件重新设置要发布的文件夹。

知识提示　　在"发布设置"对话框中完成设置后，单击"确定"按钮，此时并不发布文件，只有单击"发布"按钮时才能发布文件。

13.2.4　发布影片格式

Flash CS6 能够发布多种格式的文件，下面介绍各种格式文件的参数设置。

1．Flash SWF 文件格式

Flash SWF 文件是网络上流行的动画格式。在"发布设置"对话框中单击"Flash"复选框，切换到"Flash"面板，如图 13-24 所示。

2．HTML 文件格式

HTML 文件用于在网页中引导和播放 Flash 动画作品。如果要在网络上播放 Flash 电影，需要创建一个能激活电影并指定浏览器设置的 HTML 文件。在"发布设置"对话框中单击"HTML" 复选框，切换到"HTML"面板，如图 13-25 所示。

3．GIF 文件格式

Flash CS6 可以将动画发布为 GIF 格式的动画，这样不使用任何插件就可以观看动画。但 GIF 格式的动画已经不属于矢量动画，不能随意无损地放大或缩小画面，而且动画中的声音和动作都会失效。在"发布设置"对话框中单击"GIF"复选框，切换到"GIF"面板，如图 13-26 所示。

图 13-24

图 13-25

图 13-26

4．JPEG 文件格式

在"发布设置"对话框中单击 "JPEG"复选框，切换到"JPEG"面板，如图 13-27 所示。

5．PNG 文件格式

PNG 文件格式是一种可以跨平台支持透明度的图像格式。在"发布设置"对话框中单击"PNG"复选框，切换到"PNG"面板，如图 13-28 所示。

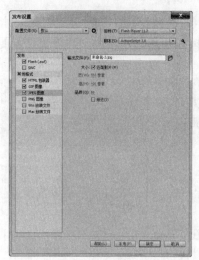

图 13-27

图 13-28

13.2.5　发布预览及打包文件

1．发布预览

使用发布预览，可以从发布预览子菜单中选择一种文件格式进行输出。在子菜单中可以选择的格式都是在"发布设置"对话框中指定好的输出格式。

图 13-29

选择"文件 > 发布预览"命令，弹出相应的子菜单，如图 13-29 所示。

在子菜单中选择任何一种文件格式，Flash CS6 即可创建一个指定格式的文件，并将它放到 Flash 影片文档所在的文件夹中。

2．打包文件

在网页中浏览 SWF 动画需要先安装插件，如果在不安装插件的情况下观看动画，可以将 Flash 作品打包成后缀为.exe 的文件，此文件可独立运行，并与后缀为.swf 的动画效果相同。

制作好动画后，选择"文件 > 导出 > 导出影片"命令，弹出"导出影片"对话框，在对话框中设置导出影片的名称和格式，将"保存类型"设置为后缀是.swf 的 Flash 影片格式进行导出。导出的.swf 文件在 Flash 影片文档所在的文件夹中，如图 13-30 所示。

双击.swf 文件，打开 Flash Player 播放器，选择"文件 > 创建播放器"命令，如图 13-31 所示。

图 13-30

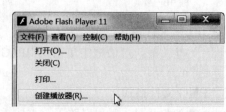

图 13-31

弹出"另存为"对话框,在"文件名"选项中输入名称,其他为默认值,如图 13-32 所示。单击"保存"按钮,在 Flash 影片文档所在的文件夹中,生成了后缀为.exe 的文件,如图 13-33 所示。

图 13-32

图 13-33

PART 14

第 14 章
综合设计实训

本章介绍

　　本章的综合设计实训案例，是根据商业动漫设计项目真实情境来训练学生利用所学知识完成商业动漫设计项目。通过多个动漫设计项目案例的演练，使学生进一步掌握 Flash CS6 的强大操作功能和使用技巧，并应用所学技能制作出专业的动漫设计作品。

学习目标

● 使用传统补间命令制作传统补间动画的方法。
● 使用文本工具和自由变形工具制作文字变形效果的方法。
● 掌握图形、按钮、影片剪辑元件的创建及应用方法。
● 掌握遮罩动画的创建方法及应用技巧。
● 掌握运用动作面板添加动作脚本的方法。

技能目标

● 掌握贺卡设计——端午节贺卡的制作方法。
● 掌握电子相册——旅行相册的制作方法。
● 掌握广告设计——健身舞蹈广告的制作方法。
● 掌握网页应用——房地产网页的制作方法。
● 掌握游戏及交互——射击游戏的制作方法。

14.1　贺卡设计——制作端午节贺卡

14.1.1　项目背景及要求

1．客户名称

创维有限公司

2．客户需求

创维有限公司因端午节即将来临，需要制作电子贺卡，以便与合作伙伴以及公司员工联络感情和互致问候，要求具有温馨的祝福语言、浓郁的民俗色彩，以及传统的节日特色，能够充分表达本公司的祝福与问候。

3．设计要求

（1）贺卡要求运用传统民俗的风格，既传统又具有现代感。

（2）使用具有端午节特色的元素装饰画面，使人感受到浓厚的端午节气息。

（3）使用绿色烘托节日氛围，使卡片更加具有端午节特色。

（4）设计规格均为 600 px（宽）×416 px（高）。

14.1.2　项目创意及制作

1．素材资源

图片素材所在位置：光盘中的"Ch14/素材/制作端午节贺卡/01~07"。

文字素材所在位置：光盘中的"Ch14/素材/制作端午节贺卡/文字文档"。

2．作品参考

设计作品参考效果所在位置：光盘中的"Ch14/效果/制作端午节贺卡.fla"，效果如图 14-1 所示。

图 14-1

3．制作要点

使用文本工具制作图形元件；使用传统补间命令制作传统补间动画。

14.2　电子相册——制作旅行相册

14.2.1　项目背景及要求

1．客户名称

北京罗曼摄影工作室

2．客户需求

北京罗曼摄影工作室是一家专业制作个人写真的工作室，需要制作旅行相册的模板，设计要求以新颖美观的形式进行创意，突出旅行的理念，表现自由、乐观的态度，要具有独特的风格和特点。

3．设计要求

（1）相册模板要求使用卡通漫画的形式进行制作，使画面活泼生动。

（2）将旅行中的要素提炼概括，在模板中进行体现并点缀画面。

（3）色彩要求使用柔和温暖的色调，符合旅行的感觉。

（4）模板要求能够放置四幅照片，主次分明，视觉流程明确。

（5）设计规格均为 600 px（宽）× 450 px（高）。

14.2.2　项目创意及制作

1．素材资源

图片素材所在位置：光盘中的"Ch14/素材/制作旅行相册/01~10"。

文字素材所在位置：光盘中的"Ch14/素材/制作旅行

相册/文字文档"。

2．作品参考

设计作品参考效果所在位置：光盘中的"Ch14/效果/

制作旅行相册.fla"，效果如图 14-2 所示。

3．制作要点

导入图片制作按钮元件；使用传统补间命令制作传统

补间动画；使用动作脚本面板添加动作。

图 14-2

14.3　广告设计——制作健身舞蹈广告

14.3.1　项目背景及要求

1．客户名称

舞动奇迹健身中心

2．客户需求

舞动奇迹健身中心是一家融合了舞蹈与健身理念，开设一系列舞蹈健身课程，并且设有专业的舞蹈培训课程的专业健身中心。目前健身中心正在火热报名中。要求针对舞动奇迹健身中心制作一个专业的宣传广告，在网络上进行宣传，要求制作风格独特，现代感强。

3．设计要求

（1）广告要求具有动感，展现年轻时尚的朝气。

（2）使用炫酷的背景，烘托舞蹈的魅力，表现健身中心的独特。

（3）要求搭配正在跳舞的人物，使画面更加丰富。

（4）整体风格要求具有感染力，体现舞动奇迹健身中心的热情与品质。

（5）设计规格均为 350 px（宽）× 500 px（高）。

14.3.2　项目创意及制作

1．素材资源

图片素材所在位置：光盘中的"Ch14/素材/制作健身舞蹈广告/01~06"。

文字素材所在位置：光盘中的"Ch14/素材/制作健身舞蹈广告/文字文档"。

2．作品参考

设计作品参考效果所在位置：光盘中的"Ch14/效果/制作健身舞蹈广告.fla"，效果如图 14-3 所示。

图 14-3

3．制作要点

导入图片制作图形元件；使用文本工具和自由变形工具制作文字变形效果；使用传统补间命令制作传统补间动画。

14.4　网页应用——制作房地产网页

14.4.1　项目背景及要求

1．客户名称

金鼎地产

2．客户需求

金鼎地产是一家经营房地产开发、物业管理、城市商品住宅、商品房销售等全方位的房地产公司。公司最新推出的熙乐家园即将开盘出售，需要为该房产宣传制作网站。网站要求简洁大方而且设计精美，体现企业的高端品质。

3．设计要求

（1）设计风格要求时尚大方，制作精美。

（2）要求网页设计的背景具有质感，运用淡雅的风格和简洁的画面展现企业的品质。

（3）要求网站围绕房产的特色进行设计搭配，分类明确细致。

（4）要求融入一些手绘元素，提升企业的文化内涵。

（5）设计规格均为 600 px（宽）×464 px（高）。

14.4.2　项目创意及制作

1．素材资源

图片素材所在位置：光盘中的"Ch14/素材/制作房地产网页/01~05"。

文字素材所在位置：光盘中的"Ch14/素材/制作房地产网页/文字文档"。

2．作品参考

设计作品参考效果所在位置：光盘中的"Ch14/效果/制作房地产网页.fla"，效果如图 14-4 所示。

图 14-4

3．制作要点

使用矩形工具、文本工具和颜色面板制作按钮元件；使用传统补间命令制作传统补间动画；使用动作面板添加动作脚本。

14.5　游戏及交互——制作射击游戏

14.5.1　项目背景及要求

1．客户名称

喀尔斯特游戏有限公司

2．客户需求

喀尔斯特游戏有限公司是中国领先的网络游戏开发商、运营商和发行商，致力于打造国际化的网游平台。公司目前需要制作一款新型的射击游戏,要求设计操作简单,运行速度快,使用方便,富有乐趣。

3．设计要求

（1）游戏要求造型可爱,画面新颖,形式丰富。

（2）使用鲜艳明快的色彩搭配,使玩家观看时能够被画面吸引。

（3）要求游戏的画面与自然相结合,并且表现出游戏的专业性。

（4）使用与游戏环境紧密结合的色彩,明亮鲜艳,为画面增添乐趣。

（5）设计规格均为 600 px（宽）× 434 px（高）。

14.5.2 项目创意及制作

1．素材资源

图片素材所在位置:光盘中的"Ch14/素材/制作射击游戏/01~06"。

文字素材所在位置:光盘中的"Ch14/素材/制作射击游戏/文字文档"。

2．作品参考

设计作品参考效果所在位置:光盘中的"Ch14/效果/制作射击游戏.fla",效果如图 14-5 所示。

图 14-5

3．制作要点

使用椭圆工具、线条工具和颜色面板制作瞄准镜元件;使用帧帧命令制作鱼动 2 效果;使用传统补间命令制作鱼动 1 效果;使用动作面板添加动作脚本。

14.6 课堂练习1——设计美食知识问答

14.6.1 项目背景及要求

1．客户名称

我家厨房电子商务有限公司

2．客户需求

我家厨房电子商务有限公司是提供网上采购、物流配送、食品安全、直接订餐等面向国内的餐饮产业链的电子商务平台。目前公司为丰富网站的多样性和趣味性,要求制作一个美食知识问答小游戏,要求画面美观,使用方便简单。

3．设计要求

（1）游戏的画面设计直观简洁,图文搭配合理。

（2）使用绿色的背景,能够给玩家健康清新的视觉感受。

（3）使用美食图片作为搭配，既美观又符合网站的主题。

（4）整体风格围绕美食展开，点明主题。

（5）设计规格均为 550 px（宽）×400 px（高）。

14.6.2 项目创意及制作

1．素材资源

图片素材所在位置：光盘中的"Ch14/素材/设计美食知识问答/01~02"。

文字素材所在位置：光盘中的"Ch14/素材/设计美食知识问答/文字文档"。

2．制作提示

首先，新建文件并制作底图；其次，使用 CheckBox 组件和 Button 组件制作选项和按钮效果；再次，使用文本工具输入标题文字；最后，用相同方法制作其他画面。

3．知识提示

使用 CheckBox 组件制作多个选项效果；使用 Button 组件制作按钮效果；使用属性面板更改组件的名称；使用文本工具创建输入文本框和标题。

14.7 课堂练习 2——设计动画片片头

14.7.1 项目背景及要求

1．客户名称

贝卡卡动画制作公司

2．客户需求

贝卡卡动画制作公司是一家集影视制作、卡通动漫创作于一体的专业影视制作公司，公司目前新推出了一部名叫《运动小将》的儿童动画片，即将在电视上进行放映，需要为该动画片制作动画片头，要求根据动画内容进行制作。

3．设计要求

（1）动画片的片头以三个小主人公骑自行车的画面为主。

（2）最好使用户外的画面作为背景，能够表明运动主题。

（3）将片名进行渐变处理，丰富画面效果。

（4）设计规格均为 800 px（宽）×600 px（高）。

14.7.2 项目创意及制作

1．素材资源

图片素材所在位置：光盘中的"Ch14/素材/设计动画片片头/01~09"。

文字素材所在位置：光盘中的"Ch14/素材/设计动画片片头/文字文档"。

2．制作提示

首先，新建文件并导入素材文件；其次，在库面板中制作图形和影片剪辑元件；再次，返回场景中制作动画效果；最后，为动画添加声音和动作脚本。

3．知识提示

使用线条工具制作旧电影效果；使用"属性"面板改变元件的不透明度；使用"帧"命令延长动画的播放时间；使用"创建传统补间"命令制作动画效果；使用声音文件添加背景音乐。

14.8　课后习题 1——设计家居产品网页

14.8.1　项目背景及要求

1．客户名称

家 N 家居有限公司

2．客户需求

家 N 家居有限公司是一家专注时尚的家居品牌，其产品引领新时尚，质量上乘，款式新潮。目前公司为扩展业务，需要制作公司网站，提高公司知名度。网站设计应体现"家"这一主题，使人感受到公司的品质与诚意。

3．设计要求

（1）网页设计要求以天空为背景，让人感受到放松、舒适。

（2）画面干净整洁，符合公司的定位。

（3）导航设计具有创意，富有趣味。

（4）整体设计清新自然，使浏览者感受到品牌的诚意，让人印象深刻。

（5）设计规格均为 700 px（宽）× 300 px（高）。

14.8.2　项目创意及制作

1．素材资源

图片素材所在位置：光盘中的"Ch14/素材/设计家居产品网页/01~12"。

文字素材所在位置：光盘中的"Ch14/素材/设计家居产品网页/文字文档"。

2．制作提示

首先，新建文件并导入素材文件；其次，在库面板中制作图形、按钮和影片剪辑元件；再次，返回场景中制作动画效果；最后，为动画添加动作脚本。

3．知识提示

使用按钮元件和变形面板制作导航条效果；使用创建传统补间命令制作叶子上升和下落效果；使用遮罩层命令为沙发制作遮罩效果。

14.9　课后习题 2——设计教育网页登录界面

14.9.1　项目背景及要求

1．客户名称

兜兜儿童教育网站

2．客户需求

兜兜儿童教育网站是一家专业的儿童教育网站，网站提供未成年人成长、教育、道德建设等领域的相关资讯和知识，内容全面，是家长对儿童进行教育的好帮手。网站需要制作网页会员登录界面，要求可爱美观。

3．设计要求

（1）网页界面的背景使用渐变色，丰富画面层次。

（2）使用儿童照片作为界面主要图片，并使用手绘图片作为背景。

（3）色彩搭配丰富可爱，符合儿童的特点。

（4）整体画面直观简洁，操作方便快捷。

（5）设计规格均为 1100 px（宽）×850 px（高）。

14.9.2　项目创意及制作

1．素材资源

图片素材所在位置：光盘中的"Ch14/素材/设计教育网页登录界面/01~03"。

文字素材所在位置：光盘中的"Ch14/素材/设计教育网页登录界面/文字文档"。

2．制作提示

首先，新建文件并导入素材文件；其次，在库面板中制作按钮元件；再次，返回场景中制作输入文本；最后，为动画添加动作脚本。

3．知识提示

使用矩形工具绘制按钮图形；使用文本工具创建输入文本框；使用脚本语言控制页面的变化。

Flash 快捷键附录

文件菜单		编辑元件	Ctrl+E
命令	**快捷键**	首选参数	Ctrl+U
新建	Ctrl+N	视图菜单	
打开	Ctrl+O	**命令**	**快捷键**
在 Bridge 中浏览	Alt+Ctrl+O	第一个	Home
关闭	Ctrl+W	前一个	PageUp
全部关闭	Ctrl+Alt+W	下一个	PageDown
保存	Ctrl+S	最后一个	End
另存为	Ctrl+Shift +S	放大	Ctrl+ =
导入到舞台	Ctrl+R	缩小	Ctrl+—
打开外部库	Ctrl+Shift+O	缩放比率 100%	Ctrl+1
导出影片	Ctrl+Shift+Alt+S	缩放比率 400%	Ctrl+4
发布设置	Ctrl+Shift+F12	缩放比率 800%	Ctrl+8
默认-HTML	F12	显示帧	Ctrl+2
发布	Alt+Shift+F12	显示全部	Ctrl+3
打印	Ctrl+P	轮廓	Ctrl+Alt+Shift+O
退出	Ctrl+Q	高速显示	Ctrl+Alt+Shift+F
编辑菜单		消除锯齿	Ctrl+Alt+Shift+A
命令	**快捷键**	消除文字锯齿	Ctrl+Alt+Shift+T
撤销	Ctrl+Z	粘贴板	Ctrl+Shift+W
重做	Ctrl+Y	标尺	Ctrl+Alt+Shift+R
剪切	Ctrl+X	显示网格	Ctrl+'
复制	Ctrl+C	编辑网格	Ctrl+Alt+G
粘贴到中心位置	Ctrl+V	显示辅助线	Ctrl+;
粘贴到当前位置	Ctrl+Shift+V	锁定辅助线	Ctrl+Alt+;
清除	Backspace	编辑辅助线	Ctrl+Alt+Shift+G
直接复制	Ctrl+D	贴紧至网格	Ctrl+Shift+'
全选	Ctrl+A	贴紧至辅助线	Ctrl+Shift+;
取消全选	Shift+Ctrl+A	贴紧至对象	Ctrl+Shift+/
查找和替换	Ctrl+F	编辑贴紧方式	Ctrl+/
查找下一个	F3	隐藏边缘	Ctrl+H
删除帧	Shift+F5	显示形状提示	Ctrl+Alt+H
剪切帧	Ctrl+Alt+X	插入菜单	
复制帧	Ctrl+Alt+C	**命令**	**快捷键**
粘贴帧	Ctrl+Alt+V	新建元件	Ctrl+F8
清除帧	Alt+Backspace	帧	F5
选择所有帧	Ctrl+Alt+A	修改菜单	

命令	快捷键	左对齐	Ctrl+Shift+L
文档	Ctrl+J	居中对齐	Ctrl+Shift+C
转换为元件	F8	右对齐	Ctrl+Shift+R
分离	Ctrl+B	两端对齐	Ctrl+Shift+J
高级平滑	Ctrl+Alt+Shift+M	字母间距（增加）	Ctrl+Alt+右箭头
高级伸直	Ctrl+Alt+Shift+N	字母间距（减小）	Ctrl+Alt+左箭头
优化	Ctrl+Alt+Shift+C	字母间距（重置）	Ctrl+Alt+上箭头
添加形状提示	Ctrl+Shift+H	TLF 定位标尺	Ctrl+Shift+T
分散到图层	Ctrl+Shift+D	控制菜单	
转换为关键帧	F6	命令	快捷键
清除关键帧	Shift+F6	播放	Enter
转换为空白关键帧	F7	后退	Shift+，
缩放和旋转	Ctrl+Alt+S	转到结尾	Shift+。
顺时针旋转 90 度	Ctrl+Shift+9	前进一帧	，
逆时针旋转 90 度	Ctrl+Shift+7	后退一帧	。
取消变形	Ctrl+Shift+Z	测试	Ctrl+Enter
移至顶层	Ctrl+Shift+上箭头	测试场景	Ctrl+Alt+Enter
上移一层	Ctrl+上箭头	启用简单帧动作	Ctrl+Alt+F
下移一层	Ctrl+下箭头	启用简单按钮	Ctrl+Alt+B
移至底层	Ctrl+Shift+下箭头	静音	Ctrl+Alt+M
锁定	Ctrl+Alt+L	调试菜单	
解除全部锁定	Ctrl+Alt+Shift+L	命令	快捷键
左对齐	Ctrl+Alt+1	调试	Ctrl+Shift+Enter
水平居中	Ctrl+Alt+2	继续	Alt+F5
右对齐	Ctrl+Alt+3	结束调试会话	Alt+F12
顶对齐	Ctrl+Alt+4	跳入	Alt+F6
垂直居中	Ctrl+Alt+5	跳过	Alt+F7
底对齐	Ctrl+Alt+6	跳出	Alt+F8
按宽度均匀分布	Ctrl+Alt+7	删除所有断点	Ctrl+Shift+B
按高度均匀分布	Ctrl+Alt+9	窗口菜单	
设为相同宽度	Ctrl+Alt+Shift+7	命令	快捷键
设为相同高度	Ctrl+Alt+Shift+9	直接复制窗口	Ctrl+Alt+K
与舞台对齐	Ctrl+Alt+8	时间轴	Ctrl+Alt+T
组合	Ctrl+G	工具	Ctrl+F2
取消组合	Ctrl+Shift+G	属性	Ctrl+F3
文本菜单		库	Ctrl+L
命令	快捷键	项目	Shift+F8
粗体	Ctrl+Shift+B	动作	F9
斜体	Ctrl+Shift+I	行为	Shift+F3

编译器错误	Alt+F2	组件检查器	Shift+F7
ActionScript 2.0 调试器	Shift+F4	辅助功能	Alt+Shift+F11
影片浏览器	Alt+F3	历史记录	Ctrl+F10
输出	F2	场景	Shift+F12
对齐	Ctrl+K	字符串	Ctrl+F11
颜色	Alt+Shift+F9	Web 服务	Ctrl+Shift+F10
信息	Ctrl+I	隐藏面板	F4
样本	Ctrl+F9	帮助菜单	
变形	Ctrl+T	命令	快捷键
组件	Ctrl+F7	Flash 帮助	F1